Florian Ion
Tiberiu-Petrescu

Alcuni Nuovi Elementi in Fisica

CREATE SPACE

Publisher
USA   2011

Scientific reviewer:

Prof. Dr. Eng. Nicolae Mihăilescu

ISBN 978-1-4681-4842-8

Welcome! A Short Book Description

The movement of an electron around the atomic nucleus has today a great importance in many engineering fields. Electronics, aeronautics, micro and nanotechnology, electrical engineering, optics, lasers, nuclear power, computing, equipment and automation, telecommunications, genetic engineering, bioengineering, special processing, modern welding, robotics, energy and electromagnetic wave field is today only a few of the many applications of electronic engineering. This first chapter presents shortly a new and original relation which calculates the radius with that the electron is running around the atomic nucleus.

The second chapter presents, shortly, a new and original relation (20) which calculates the Doppler Effect exactly. This new relation (20) is the exact form and the classical expression (10) is an approximate relation.

Renewable energy is energy which comes from natural resources such as sunlight, wind, rain, tides, and geothermal heat, which are renewable (naturally replenished). The share of renewables in electricity generation is around 18%, with 15% of global electricity coming from hydroelectricity and 3% from new renewables. The third chapter aims to disseminate new methods of obtaining energy. After 1950, began to appear nuclear fission plants. The fission energy was a necessary evil. In this mode it stretched the oil life, avoiding an energy crisis. Even so, the energy obtained from oil represents about 66% of all energy used. At this rate of use of oil, it will be consumed in about 40 years. Today, the production of energy obtained by nuclear fusion is not yet perfect prepared. But time passes quickly. We must rush to implement of the additional sources of energy already known, but and find new energy sources. In these circumstances this chapter comes to proposing possible new energy sources, like energies obtained by the annihilation of a particle with its antiparticle.

Accoglienza! Una Descrizione del Libro Breve

Il movimento di un elettrone intorno al nucleo atomico ha oggi una grande importanza in molti campi di ingegneria. Elettronica, aeronautica, micro e nanotechnology, ingegneria elettrica; ottica; laser; la potenza nucleare calcolando, apparecchiatura e automazione, telecomunicazioni, ingegneria genetica, bioengineering, trattamento speciale, saldatura moderna, robotica, energia e campo di onda elettromagnetico sono oggi solo alcune delle molte applicazioni di ingegneria elettronica. Questo primo capitolo presenta fra breve una relazione nuova e originale che calcola il raggio con quello che l'elettrone sta eseguendo intorno al nucleo atomico.

Il secondo capitolo presenta fra breve, una relazione nuova e originale (20) che calcola L'effetto Doppler esattamente. Questa nuova relazione (20) è la forma esatta e l'espressione classica (10) è una relazione approssimata.

Energia rinnovabile L'energia che viene da risorse naturali è come luce solare; vento; pioggia; maree, e calore geotermico, che sono rinnovabili (riempiti con naturalezza.) La parte di rinnovabile in generazione di elettricità è circa 18%, con il 15% di elettricità globale venendo da energia idroelettrica e il 3% da nuovo rinnovabile. Th E terzo Capitolo Mira a disseminare nuovi metodi di ottenere energia. Dopo il 1950, è iniziato a sembrare la fissione nucleare pianta. L'energia di fissione era un male necessario. In questo modo ha allungato la vita di olio, evitando una crisi di energia. Anche così, l'energia ottenuta da olio rappresenta circa 66% di tutta l'energia utilizzato. A questo tasso di uso di olio, sarà consumato in circa 40 anni. Oggi, la produzione di energia ottenuta da fusione nucleare non è ancora perfetta preparato. Ma il tempo passa velocemente. Dobbiamo fare precipitosamente a attrezzo delle sorgenti aggiuntive di energia già conosciuta, ma e trovate nuove sorgenti di energia. In queste circostanze questo Capitolo Viene a proporre possibili nuove sorgenti di energia, come energie ottenute dall'annientamento di una particella con suo antiparticella.

PRESENTATION

CHAPTER I - PRESENTING OF AN ATOMIC MODEL AND SOME POSSIBLE APPLICATIONS IN LASER FIELD

The movement of an electron around the atomic nucleus has today a great importance in many engineering fields.

Electronics, aeronautics, micro and nanotechnology, electrical engineering, optics, lasers, nuclear power, computing, equipment and automation, telecommunications, genetic engineering, bioengineering, special processing, modern welding, robotics, energy and electromagnetic wave field is today only a few of the many applications of electronic engineering.

This first chapter presents shortly a new and original relation which calculates the radius with that the electron is running around the atomic nucleus.

CHAPTER II – SOME FEW SPECIFICATIONS ABOUT THE DOPPLER EFFECT TO THE ELECTROMAGNETIC WAVES

This chapter presents, shortly, a new and original relation (20) which calculates the Doppler Effect exactly. This new relation (20) is the exact form and the classical expression (10) is an approximate relation.

The classical approximate relation (10) presented in the form (15) can't foresee the Doppler Effect for the case when the angle $\varphi=90^0$. For this reason it was introduced the relativity effect, where the period T_0 take the form T_0/α. Before to utilize the theory of the relativity it's strongly necessary to test the relations (8), (18) or (20), and the particular form (14) (for the angle $\varphi=90^0$), to testing the Doppler exact effect without the relativity theory.

The Doppler Effect represents the frequency variation of the waves, received by an observer which is drawing (coming), respectively it's removing (going), from a wave spring (source).

If a bright spring is drawing to an observer, the frequency of waves received by the observer is bigger than the emitted frequency of source, such that the respective spectral lines are moving to violet. On the contrary, if the light source is removing from the observer, the spectral lines are moving to red.

One proposes to study the Doppler Effect for the light waves, generally for the electromagnetic waves. The paper proposes for the Doppler Effect the relation (20) which can replace the classical form (10).

CHAPTER III - The Future Energy

Renewable energy is energy which comes from natural resources such as sunlight, wind, rain, tides, and geothermal heat, which are renewable (naturally replenished). In 2008, about 19% of global final energy consumption came from renewables, with 13% coming from traditional biomass, which is mainly used for heating, and 3.2% from hydroelectricity. New renewables (small hydro, modern biomass, wind, solar, geothermal, and biofuels) accounted for another 2.7% and are growing very rapidly.

The share of renewables in electricity generation is around 18%, with 15% of global electricity coming from hydroelectricity and 3% from new renewables. This chapter aims to disseminate new methods of obtaining energy. After 1950, began to appear nuclear fission plants.

The fission energy was a necessary evil. In this mode it stretched the oil life, avoiding an energy crisis. Even so, the energy obtained from oil represents about 66% of all energy used. At this rate of use of oil, it will be consumed in about 40 years. Today, the production of energy obtained by nuclear fusion is not yet perfect prepared.

But time passes quickly. We must rush to implement of the additional sources of energy already known, but and find new energy sources. In these circumstances this chapter comes to proposing possible new energy sources, like energies obtained by the annihilation of a particle with its antiparticle.

CHAPTER IV - NEW AIRCRAFT

Speaking about a new ionic engine means to speak about a new aircraft. This chapter presents shortly the actual ionic engines (called ion thrusters) and the new ionic (pulse) engines proposed by the author.

Ionic engine (ion thruster, which accelerates the positive ions through a potential difference) is about 10 times more effective than classic system based on combustion.

We can still improve the efficiency of 10-50 times if one uses pulses of positive ions accelerated in a cyclotron mounted on the ship; the efficiency can easily grow for 1000 times if the positive ions will be accelerated in a high energy synchrotron, synchrocyclotron or isochronous cyclotron (1-100 GeV). In this, the big classic synchrotron is reduced to a ring surface (magnetic core). Future (ionic) engine will have mandatory a circular particle accelerator (high or very high energy).

We can thus increase the speed and autonomy of the ship using a less quantity of fuel and power.

One can use synchrotron radiation (synchrotron light, high intensity beams), like high intensity (X-ray or Gamma ray) radiation, as well. In this case will be a beam engine (not an ionic engine), it'll use only the power (energy, which can be solar energy, nuclear energy, or both) and so we will remove the fuel. It proposes using a powerful LINAC at the exit of synchrotron (especially when one accelerates electrons) to not lose energy by photons premature emission.

With a new ionic engine one builds a new aircraft, which can travel through water and. This new aircraft will can accelerate directly, without an additional combustion engine and without gravity assists from other planets.

CHAPTER V - CAPTURING ENERGY CONCENTRATED NEAR THE SOURCE AND FORWARDING DIRECTLY TO EARTH IN CONCENTRATED FORM

Should start some spatial projects, to capture a large amount of energy somewhere near the source (near the Sun), energy which can be sent then to the Earth in a concentrated form (LASER, MASER, IRASER, etc).

The enormous energy emanating from the sun is spreading in all directions of the universe, and dilute with the distance.

On Earth no longer reach than a small amount from the energy emanated by the sun.

We try here (on the Earth) to capture a drop from a very small amount of energy, who came from Sun. And we also complain that the yield is low, and technological costs are high.

Installations which must do capturing the solar energy, could be installed over the Mercury.

From the Mercury, the concentrated energy will be transmitted directly focused on the Moon.

On the Moon, the energy will be conserved and forwarded to Earth in doses non-hazardous (with lower concentrations), using multi-channels microwaves.

PRESENTAZIONE

CAPITOLO I - PRESENTANDO DI UN MODELLOATOMICO E ALCUNE POSSIBILI APPLICAZIONI IN CAMPO LASER

Il movimento di un elettrone intorno al nucleo atomico ha oggi una grande importanza in molti campi di ingegneria.

Elettronica, aeronautica, micro e nanotechnology, ingegneria elettrica; ottica; laser; la potenza nucleare calcolando, apparecchiatura e automazione, telecomunicazioni, ingegneria genetica, bioengineering, trattamento speciale, saldatura moderna, robotica, energia e campo di onda elettromagnetico sono oggi solo uno poche delle molte applicazioni di ingegneria elettronica.

Questo primo capitolo presenta fra breve una relazione nuova e originale che calcola il raggio con quello che l'elettrone sta eseguendo intorno al nucleo atomico.

CAPITOLO II - ALCUNE POCHE SPECIFICHE SULL'EFFETTO DOPPLER ALLE ONDE ELETTROMAGNETICHE

Questo capitolo presenta fra breve, una relazione nuova e originale (20) che calcola L'effetto Doppler esattamente. Questa nuova relazione (20) è la forma esatta e l'espressione classica (10) è una relazione approssimata.

La relazione approssimata classica che (10) ha presentato nella forma (15) non può prevedere L'effetto Doppler per il caso quando l'angolo $\varphi = 90^0$. Per questa ragione che era introdotto l'effetto di relatività, in cui il periodo T_0 portano alla forma $T_{0/}$ α. Per prima utilizzare la teoria della relatività è fortemente necessario provare i rapporti (8), (18) o (20), e la particolare forma che (14) (per l'angolo) che ($\varphi = 90^0$) a provare il Doppler esige effettua senza la teoria di relatività.

L'effetto Doppler rappresenta la variazione di frequenza delle onde, ricevute da un osservatore che è disegno (arrivo,) rispettivamente che sta rimuovendo (andando,) da una primavera di onda (sorgente.)

Se una primavera luminosa sta avanzando a un osservatore, la frequenza di onde ricevute dall'osservatore è più grande della frequenza emessa di sorgente, cosicché le relative linee spettrali sono commoventi a viola. Al contrario, se la sorgente leggera è rimuovendo dall'osservatore, le linee spettrali stanno passando a rosso.

Uno propone di studiare L'effetto Doppler per le onde leggere, generalmente per le onde elettromagnetiche. La carta propone per L'effetto Doppler la relazione (20) che può sostituire la forma classica (10).

CHAPTER III - L'energia Futura

Energia rinnovabile L'energia che viene da risorse naturali è come luce solare; vento; pioggia; maree, e calore geotermico, che sono rinnovabili (riempiti con naturalezza.) Nel 2008, circa 19% di consumo di energia finale globale è venuta da rinnovabile, con il 13% che viene da biomass tradizionale, che è utilizzato principalmente per riscaldamento, e il 3.2% da energia idroelettrica. Nuovo rinnovabile (piccolo stabilimento termale, biomass moderno; vento; solare; geotermico, e biofuel) ha reso conto di altri 2.7% e sta crescendo molto rapidamente.

La parte di rinnovabile in generazione di elettricità è circa 18%, con il 15% di elettricità globale venendo da energia idroelettrica e il 3% da nuovo rinnovabile. Questo Capitolo Mira a disseminare nuovi metodi di ottenere energia. Dopo il 1950, è iniziato a sembrare la fissione nucleare pianta.

L'energia di fissione era un male necessario. In questo modo ha allungato la vita di olio, evitando una crisi di energia. Anche così, l'energia ottenuta da olio rappresenta circa 66% di tutta l'energia utilizzato. A questo tasso di uso di olio, sarà consumato in circa 40 anni. Oggi, la produzione di energia ottenuta da fusione nucleare non è ancora perfetta preparato.

Ma il tempo passa velocemente. Dobbiamo fare precipitosamente a attrezzo delle sorgenti aggiuntive di energia già conosciuta, ma e trovate nuove sorgenti di energia. In queste circostanze questo Capitolo Viene a proporre possibili nuove sorgenti di energia, come energie ottenute dall'annientamento di una particella con suo antiparticella.

CAPITOLO IV- NUOVO AEROPLANO

Parlando su nuovi mezzi di motore ionic per parlare su un nuovo aeroplano. Questo capitolo presenta fra breve i motori ionic effettivi i (thrusters di ione chiamati) e i nuovi motori (di polso) ionic proposti dall'autore.

Il motore ionico (il thruster di ione, che accelera gli ioni positivi attraverso una differenza potenziale) è circa 10 volte più efficace di quello che il sistema classico ha basato su combustione.

Possiamo migliorare ancora l'efficienza di 10-50 volte se uno utilizza polsi di ioni positivi accelerati in un ciclotrone montato sulla nave; l'efficienza può crescere facilmente per 1000 volte se gli ioni positivi saranno accelerati in uno alto synchrotron di energia, synchrocyclotron o ciclotrone isocrono (1-100 GeV.) In questo, il grande synchrotron classico è ridotto a una superficie di anello a un (nucleo magnetico.) Il motore futuro (ionic) avrà obbligatorio un acceleratore di particella circolare un (livello alto o un'energia molto alta.)

Possiamo aumentare così la velocità e l'autonomia della nave utilizzando una meno quantità di combustibile e potenza.

Uno può utilizzare anche radiazione di synchrotron (luce di synchrotron, alti raggi di intensità,) come alto (Raggi X) di intensità (o) radiazione (di raggio di Gamma.) In questo il caso sarà un motore di raggio (non un motore ionic), utilizzerà solo la potenza (l'energia, che possono essere energia solare, energia nucleare, o entrambi) e così w E rimuoverà il combustibile. Propone di utilizzare un potente LINAC all'uscita di synchrotron (specialmente quando uno accelera elettroni per) non perdere energia per photons emissione prematura.

Con un nuovo motore ionic uno costruisce un nuovo aeroplano, che può viaggiare attraverso acqua e. Questa nuova volontà di aeroplano può accelerare direttamente, senza un motore di combustione aggiuntivo e senza assistenze di gravità da altri pianeti.

CAPITOLO V- CATTURANDO ENERGIA CONCENTRATA VICINO ALLA SORGENTE E INVIANDO DIRETTAMENTE A TERRA IN FORMA CONCENTRATA

Dovrebbe avviare alcuni progetti spaziali, per catturare una grande quantità di energia in qualche posto vicino alla sorgente (vicino al Sun), energia che può essere inviata quindi alla Terra in una forma concentrata (LASER; MASER; IRASER; etc.)

L'energia enorme emanando dal sole è estendendosi in tutte le direzioni dell'universo, e diluita con la distanza.

Su Terra non allungatevi più di una piccola quantità dall'energia emanata dal sole.

Tentiamo qui (sulla Terra) di catturare una goccia da una quantità molto piccola di energia, che è venuta da Sun. E noi anche ci lamentiamo che il prodotto è basso, e i costi tecnologici sono alti.

Le installazioni che devono fanno catturando l'energia solare, potrebbero essere installate sopra il Mercurio.

Dal Mercurio, l'energia concentrata sarà trasmessa concentrato direttamente sul Moon.

Sul Moon, l'energia sarà conservata e ha inviato a Terra in dosi non pericoloso (con concentrazioni più basse), utilizzando multicanali microonde.

CAPITOLO I - PRESENTANDO DI UN MODELLO ATOMICO E ALCUNE POSSIBILI APPLICAZIONI IN CAMPO LASER

INTRODUZIONE

Questo capitolo regala fra breve, un relazione nuovo e originale (20 & 20) 'che determina il raggio a quello, 'l'elettrone sta

funzionando intorno al nucleo di un atomo
[2.]

Nell'immagine numero 1 uno presenta alcuni elettroni che stanno spostandosi intorno al nucleo di un atomo [1.]

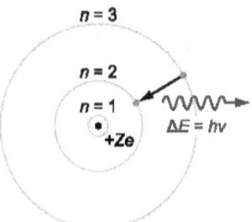

Fig. 1 *Elettroni spostandosi intorno al nucleo atomico;*

Il nucleo atomico consiste in nucleons (protoni e neutroni)

Uno utilizza due volte la relazione Lorenz (5), il Niels Bohr ha generalizzato equazione (7), e una relazione di massa (4) quale era ha dedotto dalla cinematica relazione di energia scritta in due modi: Classico (1) e coulombian (2). Uguagliando la relazione di massa (4) con Lorenz relazione (5) uno ottiene la forma (6) che è una relazione tra la velocità di elettrone squadrata una (v^2) e il raggio (r).

Lo appoggiate relazione (8), tra v^2 e r, è stato ottenuto uguagliando la massa di equazione Bohr (7) e la massa di relazione Lorenz (5).

Nel sistema (8) - (6) eliminando la velocità di elettrone squadrata nella ($v^{2,}$) determina il raggio r, con quello l'elettrone sta spostandosi intorno al nucleo atomico; vedete la relazione (20).

Per un Bohr livellate energicamente (valore costante n=a), uno determina ora due energicamente sotto livelli, che formano uno strato elettronico.

L'autore realizza per questo un nuovo modello atomico, o una nuova teoria dei quanti, che spiega l'esistenza di nubi di elettrone senza rotazione [1-2].

Scrivendo la relazione di energia di cinematica in due modi, classico (1) e coulombian (2) uno determina la relazione (3).

Dalla relazione (3), determinando esplicito lo ammassate dell'elettrone, ottiene la forma (4) [2].

$$E_C = \frac{1}{2} m \cdot v^2 \qquad (1)$$

$$E_C = \frac{1}{8} \frac{Z \cdot e^2}{\pi \cdot \varepsilon_0 \cdot r} \qquad (2)$$

$$m \cdot v^2 = \frac{1}{4} \frac{Z \cdot e^2}{\pi \cdot \varepsilon_0 \cdot r} \qquad (3)$$

$$m = \frac{Z \cdot e^2}{4 \cdot \pi \cdot \varepsilon_0 \cdot v^2 \cdot r} \qquad (4)$$

Ora, scriviamo alla relazione nota Lorenz (5), per la massa di un globulo in funzione della velocità globulo squadrata.

Con i rapporti (4) e (5) uno ottiene l'espressione prima essenziale (6).

$$m = \frac{m_0 \cdot c}{\sqrt{c^2 - v^2}} \qquad (5)$$

$$\frac{m_0 \cdot c}{\sqrt{c^2 - v^2}} = \frac{Z \cdot e^2}{4 \cdot \pi \cdot \varepsilon_0 \cdot v^2 \cdot r} \qquad (6)$$

Uno utilizza ora, la relazione generalizzata Niels Bohr (7).

Utilizza per il secondo tempo la relazione Lorenz (5) con la relazione Bohr (7) e in questo modo uno ottiene la seconda espressione essenziale (8).

$$m = \frac{n^2 \cdot \varepsilon_0 \cdot h^2}{\pi \cdot r \cdot e^2 \cdot Z} \qquad (7)$$

$$\frac{m_0 \cdot c}{\sqrt{c^2 - v^2}} = \frac{n^2 \cdot \varepsilon_0 \cdot h^2}{\pi \cdot r \cdot e^2 \cdot Z} \qquad (8)$$

Ora, uno tiene solo i due espressione essenziali (6 e 8.) Scrive (8) nella forma (8').

$$\sqrt{c^2 - v^2} \cdot n^2 \cdot \varepsilon_0 \cdot h^2 = \pi \cdot r \cdot m_0 \cdot c \cdot e^2 \cdot Z \quad (8')$$

Elevando il rapporto (8') al quadrato , A esplicito la velocità di elettrone squadrata Ottiene la forma (9).

$$v^2 = \frac{(n^4 \cdot \varepsilon_0^2 \cdot h^4 - \pi^2 \cdot r^2 \cdot m_0^2 \cdot e^4 \cdot Z^2) \cdot c^2}{n^4 \cdot \varepsilon_0^2 \cdot h^4} \quad (9)$$

La formula (9) può essere messa nella forma (10), dove la costante k prende la forma (10').

$$v^2 = c^2 - k \cdot c^2 \cdot r^2 \quad (10)$$

$$k = \frac{\pi^2 \cdot m_0^2 \cdot e^4 \cdot Z^2}{n^4 \cdot \varepsilon_0^2 \cdot h^4} \quad (10')$$

Ora uno scrive alla relazione essenziale (6) nella forma (6').

$$4 \cdot m_0 \cdot c \cdot \pi \cdot \varepsilon_0 \cdot r \cdot v^2 = Z \cdot e^2 \cdot \sqrt{c^2 - v^2} \quad (6')$$

Quindi, mettendo la relazione (6') al quadrato, ottiene la formula (6'').

$$16 \cdot m_0^2 \cdot c^2 \cdot \pi^2 \cdot \varepsilon_0^2 \cdot r^2 \cdot v^4 = Z^2 \cdot e^4 \cdot (c^2 - v^2)$$

$$(6'')$$

Nella relazione (6'') uno introduce la velocità squadrata dell'elettrone, preso dall'espressione (10) e uno ottiene la formula (11).

$$16 \cdot m_0^2 \cdot \pi^2 \cdot \varepsilon_0^2 \cdot (c^2 - k \cdot c^2 \cdot r^2)^2 = Z^2 \cdot e^4 \cdot k$$

$$(11)$$

Il (11) Il rapporto può essere organizzato Nella forma (12).

$$(c^2 - k \cdot c^2 \cdot r^2)^2 = \frac{Z^2 \cdot e^4 \cdot k}{16 \cdot m_0^2 \cdot \pi^2 \cdot \varepsilon_0^2} \qquad (12)$$

Uno squadra la relazione (12) e ottiene l'espressione (13).

$$(c^2 - k \cdot c^2 \cdot r^2) = \pm \frac{Z \cdot e^2 \cdot \sqrt{k}}{4 \cdot m_0 \cdot \pi \cdot \varepsilon_0} \qquad (13)$$

La relazione che (13) può essere ha organizzato alla forma (14).

$$k \cdot c^2 \cdot r^2 = c^2 \mp \frac{Z \cdot e^2 \cdot \sqrt{k}}{4 \cdot m_0 \cdot \pi \cdot \varepsilon_0} \qquad (14)$$

Da relazione (14) esso esplicito il raggio di elettrone e uno squadrati ottengono la relazione (15).

$$r^2 = \frac{1}{k} \mp \frac{Z \cdot e^2}{4 \cdot m_0 \cdot \pi \cdot \varepsilon_0 \cdot \sqrt{k} \cdot c^2} \qquad (15)$$

Ora, un cambio nella relazione (15), la costante k con la sua espressione (10') e l'esso ottiene la relazione (16).

$$r^2 = \frac{n^4 \cdot \varepsilon_0^2 \cdot h^4}{\pi^2 \cdot m_0^2 \cdot e^4 \cdot Z^2} \mp \frac{n^2 \cdot h^2}{4 \cdot \pi^2 \cdot m_0^2 \cdot c^2} \qquad (16)$$

L'espressione (16) può essere messa nella forma (17).

$$r^2 = \frac{n^4 \cdot \varepsilon_0^2 \cdot h^4}{\pi^2 \cdot m_0^2 \cdot e^4 \cdot Z^2} \cdot (1 \mp \frac{e^4 \cdot Z^2}{4 \cdot c^2 \cdot \varepsilon_0^2 \cdot h^2 \cdot n^2})$$

$$(17)$$

Estraendo la radice quadrata di L'espressione (17), ottiene per il raggio di elettrone (r), l'espressione (18).

$$r = \pm \frac{n^2 \cdot \varepsilon_0 \cdot h^2}{\pi \cdot m_0 \cdot e^2 \cdot Z} \cdot \sqrt{1 \mp \frac{e^4 \cdot Z^2}{4 \cdot c^2 \cdot \varepsilon_0^2 \cdot h^2 \cdot n^2}}$$

$$(18)$$

Fisicamente Là è solo La soluzione positiva (19).

$$r = +\frac{n^2 \cdot \varepsilon_0 \cdot h^2}{\pi \cdot m_0 \cdot e^2 \cdot Z} \cdot \sqrt{1 \mp \frac{e^4 \cdot Z^2}{4 \cdot c^2 \cdot \varepsilon_0^2 \cdot h^2 \cdot n^2}}$$

(19)

La relazione che (19) sta scrivendo in in formato finale (20) [3].

$$r = \frac{n^2 \cdot \varepsilon_0 \cdot h^2}{\pi \cdot m_0 \cdot e^2 \cdot Z} \cdot \sqrt{1 \mp \frac{e^4 \cdot^2}{4 \cdot c^2 \cdot \varepsilon_0^2 \cdot h^2 \cdot n^2}}$$

(20)

L'espressione (20) non è solo una nuova teoria per calcolare il raggio con quello che l'elettrone sta eseguendo intorno al nucleo di un atomo, è Anche Una veramente nuova teoria di un modello atomico, o una nuova teoria dei quanti.
Per un valore del numero di quanto n (per un numero atomico costante Z,) non abbiamo

solo uno energicamente piano (piacciamo il modello Bohr.)

Ora possiamo trovare due energicamente sotto livelli, che formano uno strato elettronico, una nube elettronica. Ad esempio, per n=1, abbiamo due sublivelli (due sotto livelli) [1-2].

NOTAZIONI UTILIZZATE

La costante permissiva (il permittivity:)

$$\varepsilon_0 = 8.85418 \cdot 10^{-12} [\frac{C^2}{N \cdot m^2}] ;$$

La costante Planck:

$$h = 6.626 \cdot 10^{-34} [J \cdot s] ;$$

La massa di resto di elettrone:

$$m_0 = 9.1091 \cdot 10^{-31} [kg] ;$$

Il numero di Pythagoras:

$$\pi = 3.141592654 ;$$

Il carico elementare elettrico:
$$e = -1.6021 \cdot 10^{-19}[C];$$

La velocità leggera in vuoto:
$$c = 2.997925 \cdot 10^8 [\frac{m}{s}];$$

numero di quanto principale n=the (il numero di quanto Bohr);

Numero Z=the di protoni da il nucleo atomico (il numero atomico) [2].

DETERMINAZIONE dei DUE VALORI di VELOCITÀ DELL'ELETTRONE DIVERSI

Il rapporto (6") può essere scritto Nella forma (6''') [2].

$$16 \cdot m_0^2 \cdot c^2 \cdot \pi^2 \cdot \varepsilon_0^2 \cdot r^2 \cdot v^4 +$$
$$+ Z^2 \cdot e^4 \cdot v^2 - Z^2 \cdot e^4 \cdot c^2 = 0$$

(6''')

Può vedere facilmente che la relazione (6''') rappresenta un'equazione di due livello in v^2.

Uno calcola v^2 con la formula (6^{IVa}).

$$v_{1,2}^2 = \frac{-Z^2 \cdot e^4 \pm \sqrt{Z^4 \cdot e^8 + 8^2 \cdot m_0^2 \cdot \pi^2 \cdot \varepsilon_0^2 \cdot c^4 \cdot Z^2 \cdot e^4 \cdot r^2}}{2 \cdot 16 \cdot m_0^2 \cdot c^2 \cdot \pi^2 \cdot \varepsilon_0^2 \cdot r^2}$$

(6^{IVa})

Fisicamente c'è solo la soluzione positiva, e uno tiene esso per la relazione (6^{IV}) (solo il segno positivo) [2].

$$v^2 = \frac{-Z^2 \cdot e^4 + \sqrt{Z^4 \cdot e^8 + 8^2 \cdot m_0^2 \cdot \pi^2 \cdot \varepsilon_0^2 \cdot c^4 \cdot Z^2 \cdot e^4 \cdot r^2}}{2 \cdot 16 \cdot m_0^2 \cdot c^2 \cdot \pi^2 \cdot \varepsilon_0^2 \cdot r^2}$$

(6^{IV})

Esso il contenitore pensa che la relazione (6^{IV}) dà solo una soluzione per la velocità elettrone squadrata (v^2), ma realmente c'è due soluzioni per questo parametro, v^2, perché il valore della raggio squadrata (r^2) dà a due fisicamente soluzioni. Ha messo la relazione (6^{IV}) in la forma (6^V) [2].

$$v_{1,2}^2 = \frac{-1 + \sqrt{1 + \dfrac{8^2 \cdot m_0^2 \cdot \pi^2 \cdot \varepsilon_0^2 \cdot c^2}{Z^2 \cdot e^4} \cdot c^2 \cdot r^2}}{\dfrac{1}{2} \cdot \dfrac{8^2 \cdot m_0^2 \cdot c^2 \cdot \pi^2 \cdot \varepsilon_0^2}{Z^2 \cdot e^4} \cdot r^2} \qquad (6^V)$$

La formula (6^V) può essere scritto nella forma (6^{VI}), dove la costante k_1 porta alla forma (6^{VII}) [2].

$$v_{1,2}^2 = \frac{\sqrt{1 + k_1 \cdot c^2 \cdot r^2} - 1}{\dfrac{k_1}{2} \cdot r^2} \qquad (6^{VI})$$

$$k_1 = \frac{8^2 \cdot m_0^2 \cdot \pi^2 \cdot \varepsilon_0^2 \cdot c^2}{Z^2 \cdot e^4} \qquad (6^{\text{VII}})$$

Ora uno avvia con relazione (6^{VI}) che può essere scritto nella forma (21).

$$v^2 = \frac{2 \cdot c^2}{\sqrt{1 + k_1 \cdot c^2 \cdot r^2} + 1} \qquad (21)$$

Uni annotate il radicale con R (vedete la relazione 22).

$$R = \sqrt{1 + k_1 \cdot c^2 \cdot r^2} \qquad (22)$$

In relazione (22) uno introduce per r^2 che l'espressione (20) e l'esso ottengono la forma (22').

$$R = \sqrt{1 + \frac{k_1 \cdot c^2}{k} \cdot (1 \mp \frac{2 \cdot \sqrt{k}}{c \cdot \sqrt{k_1}})} \qquad (22')$$

In relazione (22') uno cambia le due costanti k_1 e k con i due valori da espressioni il (6^{VII}) relativo (10') e esso ottengono perché (22') la forma (22") [2].

$$R = \sqrt{1 + \frac{8^2 m_0^2 \cdot \pi^2 \cdot \varepsilon_0^2 \cdot c^4 \cdot n^4 \cdot \varepsilon_0^2 \cdot h^4}{Z^2 \cdot e^4 \cdot \pi^2 \cdot m_0^2 \cdot e^4 \cdot Z^2} \cdot (1 \mp \frac{2\pi \cdot m_0 \cdot e^4 \cdot Z^2}{8 n^2 \cdot \varepsilon_0^2 \cdot h^2 \cdot c^2})}$$

$$(22")$$

Uno ha messo l'espressione (22") nella forma (22''').

$$R = \sqrt{1 + \frac{8^2 \cdot \varepsilon_0^4 \cdot c^4 \cdot h^4 \cdot n^4}{e^8 \cdot Z^4} (1 \mp \frac{e^4 \cdot Z^2}{4 \varepsilon_0^2 \cdot c^2 \cdot h^2 \cdot n^2})}$$

$$(22''')$$

L'espressione (22''') sarà scritto nella forma (22^{IV}).

$$R = \sqrt{1 + \frac{8^2 \cdot \varepsilon_0^4 \cdot c^4 \cdot h^4 \cdot n^4}{e^8 \cdot Z^4} \mp \frac{2 \cdot 8 \cdot \varepsilon_0^2 \cdot c^2 \cdot h^2 \cdot n^2}{e^4 \cdot Z^2}}$$

$$(22^{IV})$$

L'espressione (22^{IV}) può essere limitato a le forme la (22^{V}) e il (22^{VI}).

$$R = \sqrt{\left(1 \mp \frac{8 \cdot \varepsilon_0^2 \cdot c^2 \cdot h^2 \cdot n^2}{e^4 \cdot Z^2}\right)^2} \qquad (22^{\text{V}})$$

$$R = \left|1 \mp \frac{8 \cdot \varepsilon_0^2 \cdot c^2 \cdot h^2 \cdot n^2}{e^4 \cdot Z^2}\right| \qquad (22^{\text{VI}})$$

Uno annota con E l'espressione (23).

$$E = \frac{8 \cdot \varepsilon_0^2 \cdot c^2 \cdot h^2}{e^4} \cdot \frac{n^2}{Z^2} \qquad (23)$$

Questa espressione deve essere valutata.

$$E = \frac{8 \cdot 8.85418^2 \cdot 10^{-24} \cdot 2.997925^2 \cdot 10^{16}}{1.6021^4 \cdot 10^{-76}} \cdot$$
$$\cdot \frac{6.626^2 \cdot 10^{-68} \cdot n^2}{Z^2} = \frac{37564.06551 \cdot n^2}{Z^2} \qquad (23')$$

Per Zmax=92, abbiamo un minimo di espressione E (23")

$$E_{min} = 4.438098477 \cdot n^2 \qquad (23")$$

Può vedere facilmente quell'Emin > 1:

$$E_{min} \succ 1 \qquad (24)$$

Ora, uno può scrivere l'espressione (22^{VI}) nelle forme (22^{VII}) a e b:

$$R_1 = E - 1 \qquad (22^{VIIa})$$

$$R_2 = E + 1 \qquad (22^{VIIb})$$

Solo ora L'espressione (21) può essere valutata e si ridotta a due forme (21^{Ia}) e relativa (21^{Ib}).

$$v_1^2 = \frac{2 \cdot c^2}{E - 1 + 1} \qquad (21^{\mathrm{Ia}})$$

$$v_2^2 = \frac{2 \cdot c^2}{E + 1 + 1} \qquad (21^{\mathrm{Ib}})$$

I due rapporti prendono le forme (21^{II}) a e b:

$$v_1^2 = \frac{c^2}{\dfrac{E}{2}} \qquad (21^{\mathrm{IIa}})$$

$$v_2^2 = \frac{c^2}{\dfrac{E}{2} + 1} \qquad (21^{\mathrm{IIb}})$$

Se uno sostituisce E con la sua espressione (23) ottiene per le velocità di elettrone i rapporti (21^{III}) a e b [2].

$$v_1^2 = \frac{e^4 \cdot Z^2}{4 \cdot \varepsilon_0^2 \cdot h^2 \cdot n^2} \qquad (21^{\text{IIIa}})$$

$$v_2^2 = \frac{c^2}{\dfrac{4 \cdot \varepsilon_0^2 \cdot c^2 \cdot h^2 \cdot^2}{e^4 \cdot Z^2} + 1} \qquad (21^{\text{IIIb}})$$

DETERMINAZIONE delle MASSE E L'ENERGIA DELL'ELETTRONE ATOMICO IN MOVIMENTO

Le velocità squadrate esatte possono essere scritte nelle forme (25, 26) [2].

$$r_- = r_1 \Rightarrow v_1^2 = \frac{e^4 \cdot Z^2 \cdot c^2}{4 \cdot \varepsilon_0^2 \cdot c^2 \cdot h^2 \cdot n^2} \qquad (25)$$

$$r_+ = r_2 \Rightarrow v_2^2 = \frac{e^4 \cdot Z^2 \cdot c^2}{4 \cdot \varepsilon_0^2 \cdot c^2 \cdot h^2 \cdot n^2 + e^4 \cdot Z^2} \quad (26)$$

Con queste velocità uno può scrivere le due masse adeguate (27), (28) [2].

$$r_- = r_1 \Rightarrow m_1 = \frac{m_0}{\sqrt{1 - \dfrac{e^4 \cdot Z^2}{4 \cdot \varepsilon_0^2 \cdot c^2 \cdot h^2 \cdot n^2}}} \quad (27)$$

$$r_+ = r_2 \Rightarrow m_2 = \frac{m_0}{\sqrt{1 - \dfrac{e^4 \cdot Z^2}{4 \cdot \varepsilon_0^2 \cdot c^2 \cdot h^2 \cdot n^2 + e^4 \cdot Z^2}}}$$

$$(28)$$

L'energia di elettrone totale può essere scritta nelle forme (29) e (30) [2].

$$r_- = r_1 \Rightarrow W_1 = \frac{m_0 \cdot c^2}{\sqrt{1 - \dfrac{e^4 \cdot Z^2}{4 \cdot \varepsilon_0^2 \cdot c^2 \cdot h^2 \cdot n^2}}} \quad (29)$$

$$r_+ = r_2 \Rightarrow W_2 = \frac{m_0 \cdot c^2}{\sqrt{1 - \dfrac{e^4 \cdot Z^2}{4 \cdot \varepsilon_0^2 \cdot c^2 \cdot h^2 \cdot n^2 + e^4 \cdot Z^2}}}$$

$$(30)$$

La possibile frequenza di pompare, tra il due vicino a energicamente sotto livelli può essere scritta nella forma (31) [2].

$$\nu = \frac{W_1 - W_2}{h} = \frac{m_0 \cdot c^2}{h} \cdot$$

$$\cdot \left[\frac{1}{\sqrt{1 - \dfrac{e^4 \cdot Z^2}{4 \cdot \varepsilon_0^2 \cdot c^2 \cdot h^2 \cdot n^2}}} - \right. \tag{31}$$

$$\left. - \frac{1}{\sqrt{1 - \dfrac{e^4 \cdot Z^2}{4 \cdot \varepsilon_0^2 \cdot c^2 \cdot h^2 \cdot n^2 + e^4 \cdot Z^2}}} \right]$$

LE *POSSIBILI* FREQUENZE LASER

Nella tabella 1, uno può vedere il possibile LASER pompando frequenze (tutto in dominio visibile $4.34*10^{14} \div 6.97*10^{14}$ [Hz,]) ha calcolato per numero di quanto principale diverso n.

The possible L A S E R pumping frequencies						Table 1
n	Z	[zH]ν	Element	n	Z	[zH]ν	Element
2	15	=5.54942E14	P		78	=4.43344E+14	Pt
	22	=5.072E14	Ti		79	=4.66537E+14	Au
3	23	=6.0598E14	V		80	=4.90629E+14	Hg
	29	=4.8452E+14	Cu		81	=5.15642E+14	Tl
	30	=5.54942E+14	Zn		82	=5.41601E+14	Pb
4	31	=6.32782E+14	Ga		83	=5.68529E+14	Bi
	36	=4.71283E+14	Kr		84	=5.96449E+14	Po
	37	=5.25911E+14	Rb		85	=6.25386E+14	At
	38	=5.8516E+14	Sr		86	=6.55364E+14	Rn
5	39	=6.49284E+14	Y	11	87	=6.86408E+14	Fr
	43	=4.6261E+14	Tc		85	=4.41451E+14	At
	44	=5.072E+14	Ru		86	=4.6261E+14	Rn
	45	=5.54942E+14	Rh		87	=4.8452E+14	Fr
	46	=6.0598E+14	Pd		88	=5.072E+14	Ra
6	47	=6.60463E+14	Ag		89	=5.30668E+14	Ac
	50	=4.56488E+14	Sn		90	=5.54942E+14	Th
	51	=4.94145E+14	Sb		91	=5.8004E+14	Pa
	52	=5.34086E+14	Te		92	=6.0598E+14	U
	53	=5.76403E+14	I		93	=6.32782E+14	Np
	54	=6.21189E+14	Xe		94	=6.60463E+14	Pu
7	55	=6.68536E+14	Cs	12	95	=6.89044E+14	Am

	57=4.51937E+14	La		92=4.39854E+14	U
	58=4.8452E+14	Ce		93=4.59306E+14	Np
	59=5.18835E+14	Pr		94=4.79396E+14	Pu
	60=5.54942E+14	Nd		95=5.00139E+14	Am
	61=5.92904E+14	Pm		96=5.21548E+14	Cm
	62=6.32782E+14	Sm		97=5.43638E+14	Bk
8	63=6.7464E+14	Eu		98=5.66422E+14	Cf
	64=4.48422E+14	Gd		99=5.89916E+14	Es
	65=4.77132E+14	Tb		100=6.14134E+14	Fm
	66=5.072E+14	Dy		101=6.39091E+14	Md
	67=5.38669E+14	Ho		102=6.64801E+14	No
	68=5.71581E14	Er	13	103=6.9128E+14	Lw
	69=6.0598E+14	Tm		99=4.38489E+14	Es
	70=6.4191E+14	Yb		100=4.56488E+14	Fm
9	71=6.79416E+14	Lu		101=4.75037E+14	Md
	71=4.45624E+14	Lu		102=4.94145E+14	No
	72=4.71283E+14	Hf		103=5.13824E+14	Lr
	73=4.98035E+14	Ta		104=5.34086E+14	Rf
	74=5.25911E+14	W	14	105=5.54942E+14	Db
	75=5.54942E+14	Re			
	76=5.8516E+14	Os			
	77=6.16596E+14	Ir			
	78=6.49284E+14	Pt			
10	79=6.83255E+14	Au			

LE FREQUENZE E
CONCLUSIONI LASER

Se il secondo valore della velocità non
esiste fisicamente, dobbiamo calcolare il nuovo

modello atomico appena per il nuovo primo
valore, con i rapporti successivi:

$$r = \frac{n^2 \cdot \varepsilon_0 \cdot h^2}{\pi \cdot m_0 \cdot e^2 \cdot Z} \cdot \sqrt{1 - \frac{e^4 \cdot Z^2}{4 \cdot c^2 \cdot \varepsilon_0^2 \cdot h^2 \cdot n^2}} \quad (20')$$

$$v^2 = \frac{e^4 \cdot Z^2}{4 \cdot \varepsilon_0^2 \cdot h^2 \cdot n^2} \quad (25')$$

$$m = \frac{m_0}{\sqrt{1 - \frac{e^4 \cdot Z^2}{4 \cdot \varepsilon_0^2 \cdot c^2 \cdot h^2 \cdot n^2}}} \quad (27')$$

$$W = \frac{m_0 \cdot c^2}{\sqrt{1 - \frac{e^4 . Z^2}{4 \cdot \varepsilon_0^2 \cdot c^2 \cdot h^2 \cdot n^2}}} \quad (29')$$

$$\gamma = \frac{m_0 . c^2}{h} \left(\frac{1}{\sqrt{1 - \dfrac{e^4 \cdot Z^2}{4 \cdot \varepsilon_0^2 \cdot c^2 \cdot h^2 \cdot n_1^2}}} - \frac{1}{\sqrt{1 - \dfrac{e^4 \cdot Z^2}{4 \cdot \varepsilon_0^2 \cdot c^2 \cdot h^2 \cdot n_2^2}}} \right)$$

$$(31')$$

Lo pompando frequenza richiesta per ottenere la transizione degli elettroni tra due energicamente i livelli possono essere scritti nella forma (31.)

Nella tabella 2, uno può vedere il LASER pompare frequenze.

Tutte le frequenze sono fuori da area visibile. Uno può fare Frequenza raggio X Ultravioletto LASER.

Il valore sfrontato può essere utilizzato a marca uno Rubin (Crystal) LASER .

La carta realizza un nuovo modello atomico e un nuovo teoria dei quanti (relazione 20.)

Esso determina anche lo La frequenza di pompare per la transizione tra due energicamente livella con possibili applicazioni in industria LASER, MASER, IRASER (relazione 31.)

The pumping frequency required to achieve the transition of the electrons between two energetically levels can be written in the form (31').

In the table 2, one can see the LASER pumping frequencies.

All frequencies are outside visible area. One can make Ultraviolet Frequency-X ray LASER.

The bold value can be used to make a Rubin (Crystal) LASER.

The paper realizes a new atomic model and a new quantum theory (relation 20').

It determines as well the frequency of pumping for the transition between two energetically levels, with possible applications in LASER, MASER, IRASER industry (relation 31').

The pumping frequencies, between two nearer level								Table 2
Z	ν	El n_1-n_2	Z	ν	Element	Z	ν	Element
1		H	2		He	3	2.22122E+16	Li 1-2
4	3.95022E+16	Be 1-2	5	6.17499E+16	B 1-2	6	8.89688E+16	C 1-2
7	1.21175E+17	N 1-2	8	1.58388E+17	O 1-2	9	2.00631E+17	F 1-2
10	2.47929E+17	Ne 1-2	11	5.53738E+16	Na 2-3	12	6.59213E+16	Mg 2-3
13	7.73939E+16	Al 2-3	14	8.97936E+16	Si 2-3	15	1.03123E+17	P 2-3
16	1.17383E+17	S 2-3	17	1.32578E+17	Cl 2-3	18	1.48709E+17	Ar 2-3
19	5.7866E+16	K 3-4	20	6.41348E+16	Ca 3-4	21	7.07288E+16	Sc 3-4
22	7.76485E+16	Ti 3-4	23	8.48944E+16	V 3-4	24	**9,24672E+16**	Cr 3-4
25	1.00368E+17	Mn 3-4	26	1.08596E+17	Fe 3-4	27	1.17153E+17	Co 3-4
28	1.2604E+17	Ni 3-4	29	1.35258E+17	Cu 3-4	30	1.44806E+17	Zn 3-4
31	1.54686E+17	Ga 3-4	32	1.64899E+17	Ge 3-4	33	1.75446E+17	As 3-4
34	1.86327E+17	Se 3-4	35	1.97544E+17	Br 3-4	36	2.09097E+17	Kr 3-4
37	1.01887E+17	Rb 4-5	38	1.07502E+17	Sr 4-5	39	1.1327E+17	Y 4-5
40	1.19192E+17	Zr 4-5	41	1.25268E+17	Nb 4-5	42	1.31498E+17	Mo 4-5
43	1.37882E+17	Tc 4-5	44	1.44421E+17	Ru 4-5	45	1.51116E+17	Rh 4-5
46	1.57966E+17	Pd 4-5	47	1.64972E+17	Ag 4-5	48	1.72134E+17	Cd 4-5
49	1.79453E+17	In 4-5	50	1.86928E+17	Sn 4-5	51	1.94561E+17	Sb 4-5
52	2.02352E+17	Te 4-5	53	2.10301E+17	I 4-5	54	2.18408E+17	Xe 4-5
55	1.22612E+17	Cs 5-6	56	1.2715E+17	Ba 5-6	57	1.31772E+17	La 5-6
58	1.36479E+17	Ce 5-6	59	1.41271E+17	Pr 5-6	60	1.46147E+17	Nd 5-6
61	1.51109E+17	Pm 5-6	62	1.56157E+17	Sm 5-6	63	1.6129E+17	Eu 5-6
64	1.66508E+17	Gd 5-6	65	1.71813E+17	Tb 5-6	66	1.77203E+17	Dy 5-6
67	1.8268E+17	Ho 5-6	68	1.88243E+17	Er 5-6	69	1.93893E+17	Tm 5-6
70	1.9963E+17	Yb 5-6	71	2.05453E+17	Lu 5-6	72	2.11364E+17	Hf 5-6
73	2.17362E+17	Ta 5-6	74	2.23448E+17	W 5-6	75	2.29621E+17	Re 5-6
76	2.35883E+17	Os 5-6	77	2.42232E+17	Ir 5-6	78	2.4867E+17	Pt 5-6
79	2.55197E+17	Au 5-6	80	2.61813E+17	Hg 5-6	81	2.68517E+17	Tl 5-6
82	2.75311E+17	Pb 5-6	83	2.82195E+17	Bi 5-6	84	2.89168E+17	Po 5-6
85	2.96231E+17	At 5-6	86	3.03385E+17	Rn 5-6	87	1.8618E+17	Fr 6-7
88	1.90549E+17	Ra 6-7	89	1.94972E+17	Ac 6-7	90	1.99447E+17	Th 6-7
91	2.03976E+17	Pa 6-7	92	2.08557E+17	U 6-7	93	2.13193E+17	Np 6-7
94	2.17881E+17	Pu 6-7	95	2.22624E+17	Am 6-7	96	2.2742E+17	Cm 6-7
97	2.3227E+17	Bk 6-7	98	2.37174E+17	Cf 6-7	99	2.42131E+17	Es 6-7
100	2.47144E+17	Fm 6-7	101	2.5221E+17	Md 6-7	102	2.57331E+17	No 6-7
103	2.62506E+17	Lr 6-7	104	2.67736E+17	Rf 6-7	105	2.73021E+17	Db 6-7

BIBLIOGRAFIA

[1] David Halliday; Robert; .; R - *Fisica, Parte II,* Editazione. John Wiley & Sons, Inc. - New York, London, Sydney, 1966;

[2] Petrescu F.I., *Il movement di un elettrone intorno al nucleo atomico* In ICOME 2010, Craiova, 2010.

CAPITOLO II - ALCUNE POCHE SPECIFICHE SULL'EFFETTO DOPPLER ALLE ONDE ELETTROMAGNE TICHE

Introduzione

L'effetto [1-3] Doppler rappresenta la variazione di frequenza delle onde, ricevute da un osservatore che è disegno (arrivo,) rispettivamente che sta rimuovendo (andando,) da una primavera di onda (sorgente.)

Se una primavera luminosa sta avanzando a un osservatore, la frequenza di onde ricevute dall'osservatore è più grande della frequenza emessa di sorgente, cosicché le relative linee spettrali sono commoventi a viola.
Al contrario, se la sorgente leggera è rimuovendo dall'osservatore, le linee spettrali stanno passando a rosso.
Uno propone di studiare L'effetto Doppler per le onde leggere, generalmente per le onde elettromagnetiche.

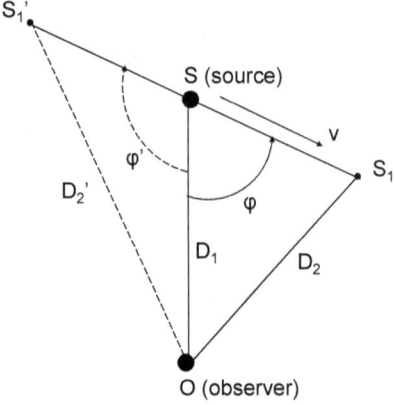

Fig. 1. *Le onde hanno ricevuto per un osservatore O da una sorgente di onde S Quale sta spostando relazione con l'osservatore, per la direzione SS $_1$*

I nuovi rapporti

Desideriamo calcolare il periodo in cui (T [s]) delle onde ha ricevuto per un osservatore O (figura 1) da una sorgente di onde S, che sta spostando relazione con l'osservatore, sulla direttiva SS che $_1$ con il parente accelerano v [m/ s] [1, 2.]

T_0 [s] è il periodo di onde emesse dalla sorgente S.

Al momento t_0 [s,] determinato per l'osservatore O, dalla sorgente S piegano un'onda luminosa; questa traversa di onda lo distanziate D_1 =SO [m] e arrivate in O al momento t_1 [s.]

$$t_1 = t_0 + \frac{D_1}{c} \qquad (1)$$

Dove c è la velocità leggera in vuoto: $C \cong 3.10^8$ [m/ s.]

Dopo uno periodo T_0, dalla sorgente S (è arrivato ora in S_1), dalla sorgente che S_1

avvia un secondo fate segnali. La distanza che SS_1 [m] è:

$$SS_1 = v.T_0 \qquad (2)$$

L'osservatore O, riceve i secondi segnali al momento t_2 [s:]

$$t_2 = t_0 + T_0 + \frac{D_2}{c} \qquad (3)$$

Il periodo T è uguale con la differenza tra i due momenti.

$$T = t_2 - t_1 = T_0 + \frac{D_2 - D_1}{c} \qquad (4)$$

L'angolo φ [rad] tra i due vettori, SS_1 e SO è noto e anche la distanza D_1=SO è noto. Con il teorema COS nel SOS_1 di triangolo certo uno ottiene la distanza D_2 [m]:

$$D_2 = \sqrt{D_1^2 + SS_1^2 - 2.D_1.SS_1.\cos\varphi} \qquad (5)$$

Con SS_1 da (2) la relazione (5), diventa l'espressione (6).

$$D_2 = \sqrt{D_1^2 + v^2.T_0^2 - 2.D_1.v.T_0.\cos\varphi} \quad (6)$$

Con l'espressione (6) in relazione (4) uno ottiene la forma (7).

$$T = T_0 + \frac{\sqrt{D_1^2 + v^2 T_0^2 - 2D_1 v T_0 \cos\varphi} - D_1}{c}$$

$$(7)$$

La relazione (7) può essere messa nella forma (8).

$$T = T_0(1 + \beta \frac{v.T_0 - 2.D_1.\cos\varphi}{\sqrt{D_1^2 + v^2 T_0^2 - 2D_1 v T_0 \cos\varphi} + D_1})$$

$$(8)$$

Dove B Il rapporto è tra le due velocità, v e c:

$$\beta = \frac{v}{c} \quad (9)$$

Presenta la relazione classica (10)

La relazione classica (10) è molto semplicemente, ma è una relazione [2-3] approssimato.

L'espressione (8) è più difficile ma è una relazione molto esatta. Può essere messo nelle forme (18), (19) e infine (20).

$$\frac{T}{T_0} = 1 \pm \beta . \cos \varphi \qquad (10)$$

Alcuni aspetti

a) Quando la sorgente che S sta rimuovendo dall'osservatore, l'angolo φ (vedete la figura 1) prendere i valori il (φ') avete compreso tra 90^0 e 180^0, il coseno φ diventa negativo, il numeratore di espressione (8) diventa positivo e il periodo di osservatore O (T) sarà sempre più grande di T_0 (il periodo di sorgente:) $T > T_0$ e $y < y_0$ (Le linee spettrali sono rosse).

Quando la sorgente S sta avanzando all'osservatore, all'angolo $\varphi \in [0^0, 90^0)$ e coseno $\varphi > 0$. In questo caso uno analizza (11) il numeratore di espressione (8) e uno può fare imballare (b e c) [1]:

$$N = v.T_0 - 2.D_1.\cos\varphi \qquad (11)$$

   b) Se N < 0, quindi $v.T_0 < 2.D_1.\cos\varphi$

O

$$\cos\varphi > \frac{v.T_0}{2.D_1} \qquad (12)$$

E $T < T_0$, o $y > y_0$ (Le linee spettrali sono viola) [1].

   c) Se N > 0, quindi

$$\cos\varphi < \frac{v.T_0}{2.D_1} \qquad (13)$$

E $T > T_0$, o $y < y_0$ (Le linee spettrali sono rosse.)

Questo caso che era non conosciuto dall'espressione classica (10) [1].

d) Il caso più interessante è allora quando l'angolo $\varphi = 90^0$, e coseno$\varphi = 0$, quando le sorgenti state spostando perpendicolare all'asse SO (vedete la figura 2). In questo imballate la relazione (8), diventate l'espressione (14).

$$T = T_0 (1 + \frac{\beta . v . T_0}{\sqrt{D_1^2 + v^2 . T_0^2} + D_1}) \qquad (14)$$

T > T_0 e y< y_0 (Le linee spettrali sono rosse) [1].

Questo fatto non può essere visto dalla relazione classica (10) che (per il $\varphi = 90^0$), prende la forma (15):

$$T = T_0 \qquad (15)$$

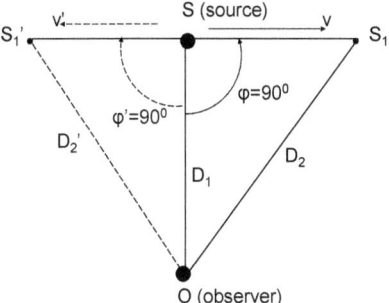

Fig. 2. *Le onde hanno ricevuto per un osservatore O da una sorgente di onde S quando la sorgente sta spostando perpendicolare all'asse SO (è una particolare situazione)*

Il relazione approssimato classico (10, forma 15) non può prevedere L'effetto Doppler per questo caso, ma l'effetto esiste potenzialmente, e per questa ragione che era ha introdotto l'effetto di relatività (o la trasformazione Lorentz), in cui il periodo T_0 porta alla forma T_0/α (vedete [1]), e la relazione che (15) prende la forma (16) [2, 3]:

$$T = \frac{T_0}{\alpha} \qquad (16)$$

Dove α è:

$$\alpha = \sqrt{1 - \beta^2} \qquad (17)$$

Se v < c, l'espressione
$$\sqrt{D_1^2 + v^2 \cdot T_0^2 - 2 \cdot D_1 \cdot v \cdot T_0 \cdot \cos\varphi} \rightarrow D \text{ e}$$
la relazione (8) può essere hanno avvicinato
per l'espressione (18), (8=> 18):

$$\frac{\gamma_0}{\gamma} = \frac{T}{T_0} = 1 - \beta \cdot \cos\varphi + \beta \cdot \frac{v \cdot T_0}{2 \cdot D_1} \qquad (18)$$

La distanza che D (D $_1$) può prendere
vari valori per la stessa frequenza γ_0 (Uno
non può determinare D da 8 o 18; D è
indeterminata. In pratica, la frequenza γ è
una funzione reale di γ_0 e β; γ è una
funzione di γ_0, T_0 o $\lambda_0 = c \cdot T_0$; La distanza
D può non prende qualsiasi valore; deve
essere un multiplo di λ_0). La relazione (18)
prese obbligatorio le forme (19) per una
distanza di quanto ($D_1 = n \cdot c \cdot T_0$) e (20)
quando n prese obbligatorio il valore (n=1)
di base per tenere la propria onda originale
(uno utilizza solo la frequenza di base per

n=1, vede la relazione finale 20; per altre frequenze quindi possiamo già parlate su altre onde):

$$\frac{\gamma_0}{\gamma} = \frac{T}{T_0} = 1 - \beta \cdot \cos \varphi + \frac{1}{2} \cdot \beta^2 \cdot \frac{1}{n} \quad (19)$$

$$\frac{\gamma_0}{\gamma} = \frac{T}{T_0} = 1 - \beta \cdot \cos \varphi + \frac{1}{2} \cdot \beta^2 \quad (20)$$

Prima, la relazione (20) può essere utilizzata per determinare il periodo T quando uno conosce il periodo di sorgente T_0 e la velocità di sorgente, v ($\beta = \frac{v}{c}$); Uno può parlare ora su un quanto che Doppler Effettua relazione (20).

Appoggiate se uno conosce le due frequenze (γ, γ_0), uno può determinare la velocità di sorgente v in relazione dell'osservatore (β and v=β.c), con il nuovo relazione (20) o di più rapidamente con la forma classica (10).

Conclusione

In questo documento uno propone di cambiare la relazione classica (10) (vedete [1], p. 114) con il nuovo e più esattamente relazione (20).

Bibliografia

[1] **Barbulescu N.,** *"bazele fizice ale relativitatii Einsteiniene."* Editura stiintifica si Enciclopedica; Bucuresti; 1979; p. 142-148;

[2] **David Halliday; Robert; .; R - *Fisica, Parte II, Editazione.*** John Wiley & Sons, Inc. - New York, London, Sydney, 1966;

[3] **Petrescu Prahova; M .; Petrescu Prahova;** *lieu IV entrata anale* I. -, *Fizica Manuale, sectia reala,* **Editura Didattico** e Pedagogico, Bucuresti, 1976.

CHAPTER III - L'energia Futura

Introduzione

Negli anni 70-80 (1970-1980) presagisce una crisi di energia grave con l'esaurimento rapido di riserve note di olio e gas. Le conseguenze sarebbero catastrofiche per umanità, ma sono venute per fortuna appena in tempo energia prodotto da fissione nucleare. Con potenza Nucleare abbiamo salvato, cosicché essi erano un male necessario.

Un altro 2-3 va in bicicletta (un ciclo è su anni 30-40) essi potrebbero essere utili (anche se essi si svilupperanno e utilizzeranno l'energia prodotta da fusione, in quale caso la loro efficacia aumenterà notevolmente.) Tuttavia, deve prepararsi da tempo, la nuova energia del futuro, l'energia umanità futura.

La soluzione più elegante che può essere ora vista è energia solare. Questo è in pratica inesauribile, in quantità di cui molto maggiore del pianeta ha bisogno, è lo pulito, utile e può diventare il più conveniente (se i pannelli con cellule photovoltaic saranno prodotti in quantità industriali crescente.)

Per marca questo metodo a ottenere energia solare, essere totalmente completamente, esso è assolutamente perentorio che l'energia solare convertita in elettricità da distribuire direttamente a energia nazionale diffonde su una rete, per evitare l'uso di varie batterie (contaminando.)

Benché essere piccolo, l'efficienza di conversione dell'energia (in cellule,) è aumentata e aumenterà dovuto ulteriore a ricerca scientifica nel campo.

Deve essere fatto l'indicazione che, tutto l'argomento vivente su Terra è l'energia del sole, o direttamente o indirettamente.

La scoperta di particelle reali più veloci della velocità della luce (probabilmente più piccole di quelle noti oggi) può aprire nuovi capitoli nello sviluppo di umanità, prima nel campo di energia. Diventando più profondo in argomento, e passando dal livello di quanto al livello di sostituto di quanto, o forse anche in profondità, determinerà l'energia crescente.

L'argomento è strutturato in un tale modo in cui come se potere penetrando di più dentro esso, le cui particelle sono composte sono sempre più più piccoli e chiatta, più dinamico e più energico.

Benché la massa di particella diminuisce, la velocità è molto più grande, cosicché l'energia di particella è molto più alta (l'energia aumenta con la massa e con la velocità squadrata della particella.)

I collegamenti a livelli di quanto (all'interno dell'atomo) sono più potenti che gli sostanza chimica molecolari (nella molecola o tra atomi,) ma più bassi di quelli di livello di quanto di sostituto (nel nucleo atomico, tra nucleons,) che a sua volta sono ombreggiati dal livello immediatamente sotto il livello di quanto di subsostituto (in nucleon, tra le particelle che lo compongono,) e così via fino a quando raggiungiamo il livello di base a cui la particella non può più essere divisa in altri componenti. Se l'energia obbligatoria è più in alto, l'energia rilasciata o richiesta rompere o comporre questi collegamenti, è più grande anche.

L'idrogeno, come un componente chiave, può essere ottenuto in più modi, da quasi qualsiasi articolo, da reazioni nucleari, dalla decomposizione di acqua sotto l'azione di radiazione, da elettrolisi di acqua, ecc.

Bruciare idrogeno non è una sorgente reale di energia (come su Terra, l'elemento di idrogeno non è trovato tanto in forme isolate quello può essere estratto direttamente e quindi impiegato come combustibile; l'elemento di idrogeno è ottenuto generalmente con consumo di energia maggiore di l'energia rilasciato bruciando esso;) ma è di più un combustibile strategico, come un combustibile che può essere la vita a lungo di motori di combustione interni quando il combustibile di olio si ridurrà o scomparirà anche.

L'energia di vento non rappresenta un'energia alternativa reale, ma in alcuni casi può essere un componente completare gli obiettivi di energia certi.

L'energia prodotta da sorgente termale in alcune aree del pianeta è molto utile, ma sono retti il confronto molto poco con le necessità della terra.

Probabilmente l'energia di onda di mari e oceani non ha dato buoni risultati poiché non era esteso e ha imposto, il più così poiché abbiamo un pianeta coperto con acqua al tasso del 70%.

Forse nel futuro, l'uomo sfrutterà la differenza di temperatura tra i vari livelli di mari e oceani, per produrre tale energia (energie da acqua di mari.)

Per ora, l'acqua rimane una sorgente di energia nel capitolo, hydropower grave. Da acqua, estrae l'idrogeno, che attraverso bruciare le svolte appoggiano in acqua. Da acqua ottiene "acqua pesante" (lo convertendosi Dell'idrogeno di elemento, in isotopo pesante chiamato Deuterium, quale contiene in nucleo oltre a un protone e un neutrone,) e quale è impiegato come combustibile nucleare, in un po' di centrale nucleare.

Se guardiamo, retrospect e globali, l'acqua e il sole sono le sorgenti di energia principali del nostro pianeta. Anche l'argomento vivente (includendo uomo,) rappresenta un'acqua di proporzione molto alta. L'acqua interviene direttamente o indirettamente in numerosi modi, nei processi piani cellulari.

Ottenimento di Energia per L'annientamento di un Elettrone con un Positron, o Annientamento di un Protone con un Antiprotone (presentazione di studi dello sviluppo in relazione all'ambiente)

Ottenimento di energia; rinnovabile; pulite; amichevole (non pericoloso), più economico, per annientamento (Ad Esempio, l'annientamento di un elettrone con un elettrone anti.) L'elettrone e il positron sono ottenuti estraendoli da atomi; l'estrazione, consuma una quantità trascurabile di energia.

Quindi, le due particelle sono portate vicino a uno altri (collisione;) ora si verifica il fenomeno di annientamento, quando la massa di resto è convertito totalmente in energia (photons di gamma.)

Accadete photons di gamma, fino a necessari per recuperare l'energia totale dell'elettrone e del positron (l'energia di resto e l'energia cinetica;) di solito uno può ottenere due o tre particelle di gamma (quando abbiamo un annientamento più basso, cioè due antiparticles con energia più bassa, individualmente con un po' oltre massa di resto, cioè le particelle sono accelerate a un velocità bassa movimento,) ma noi possiamo ottenere più particelle quando abbiamo un alto annientamento (cioè quando l'energia di particella è alta e le particelle erano fortemente accelerate prima della collisione.)

Appoggiate energia di un positron di elettrone le coppie superano leggermente 1 MeV (quale è un'estremamente grande energia da alcuno poiché piccole le particelle, l'energia paragonabile con quello ottenuta dalla fusione di due particelle molto più grandi, avendo appoggia massa di circa 2000 volte più in alto.)

Perciò il prima grande vantaggio del nuovo metodo proposto, cioè quelli se il fenomeno fisico più complesso ha tentato finora di divenire dentro l'energia materiale la (fusione calda o fredda,) disegnano solo circa millesimo parte della massa di resto della particella, risulta ing nella fusione di due particelle in pratica solo il divario di energia tra particelle di energia essendo libere e la loro energia quando essi sono uniti, il metodo proposto per estrarre potenzialmente tutta l'energia interna delle particelle annientate.

Abbiamo iniziato con la coppia di positron di elettroni perché queste piccole particelle sono estratte più facilmente dagli atomi (gli atomi sono quindi immediatamente rigenerati con naturalezza, quale determina la natura di energia rinnovabile dall'annientamento di particelle.)

Il passo successivo è provare l'annientamento tra un protone e un antiprotone, perché la loro massa è circa 1800 volte portare più in alto di quello dell'elettrone e il positron, al loro annientamento come un'energia per circa 1000 volte più in alto, cioè invece di 1 M eV, 1 GeV (è considerato come l'energia ottenuta solo reale, l'energia donata dal protone dell'ione di idrogeno; ma si pensa che l'energia di un antiprotone è donata da noi quasi completamente, per ora, perché ottenere oggi un antiprotone noi deve accelerare alcune particelle a energia molto alta e cozzateli quindi.)

Cosicché il confronto reale deve che egli è fatto tra i deuterons processo di fusione e annientamento di un ione di idrogeno (protone) con un antiprotone. Sarà una differenza di energia di circa 1000 volte più in alto per coppia di particelle utilizzate, a favore del processo di annientamento.

In pratica realizza il sogno di estrarre energia da tutto l'argomento. Un altro grande vantaggio di questo metodo quelle sono non sostanze radioattive e le scorie radioattive non sono dal processo. Da questo processo otteniamo solo photons di gamma (cioè energia) e possibilmente altre mini particelle energiche. Il processo non pone nessuna minaccia a esseri umani e l'ambiente.

L'energia prodotta è pulita. La tecnologia richiesta è molto più semplice di (fissione) nucleare (o fusione,) più economica e più facile per mantenere. Energia sufficiente è data il processo di annientamento (potenzialmente illimitata;) economico; pulite; sicuro, rinnovabile immediatamente (sostenibile,) con tecnologia resa semplice.

Possiamo estrarre l'energia della massa di resto di un elettrone. Per una coppia di un elettrone e di un positron questa energia è circ a 1 MeV.

I "radiazione di synchrotron (sorgente synchrotron leggera)" prodotti hanno considerato una sorgente di radiazione. Gli elettroni sono accelerati a alte velocità in numerosi stadi per ottenere un'energia finale (che è di solito nella gamma GeV.) Abbiamo bisogno di due synchrotrons, uno synchrotron per elettroni e uno altro che accelera positrons. Le particelle devono essere cozzate, dopo che essi vengono accelerati a un'energia ottimale livellare. Tutte le energie sono raccolte all'uscita degli Synchrotrons, dopo la collisione di particelle di lo contrario. Noi recupereremo l'energia che accelera, e inoltre noi raccogliamo anche l'energia di resto degli elettroni e dei positrons.

A un tasso di elettroni/ s 10^19 che otteniamo un'energia di circa 7 GWh/ un anno, se uniforme è produrre unica metà delle possibili collisioni. Questo alto tasso può essere ottenuto con 60 polsi al minuto e elettroni 10^19 per polso, o con 600 polsi al minuto e elettroni 10^18 per polso. Se noi aumentiamo il tasso di flusso di 1,000 volte, noi possiamo avere una potenza di circa 7 TWh/ anno. Questo tipo di energia può essere un complemento dell'energia di fusione, e essi devono sostituire l'energia ottenuta da idrocarburi ardenti.

I vantaggi dell'annientamento di un elettrone con un positron, confrontato con i reattori di fissione nucleare, sono disposizione di scoria radioattiva, del pericolo di esplosione e della reazione a catena.

L'energia dalla massa di resto dell'elettrone è più facilmente controllata confrontato con la reazione di fusione, fredda o calda.

Ora, non abbiamo bisogno di combustibile radioattivo arricchito (come in caso di fissione nucleare,) per deuterio, litio e di neutroni (piacete la fusione fredda,) di temperature e pressioni enormi (come nella fusione calda), ecc. accelerato

Risultati e Discussione

Quanta energia, contenitore otteniamo da interno dell'argomento? Einstein ha mostrato che da un kg di argomento potremmo ottenere le necessità di energia di intera Terra per un anno:

$$E=m\cdot c^2=1[kg]\cdot(3\cdot 10^8)^2[(m/s)^2]=9\cdot 10^{16}[j]=2,5\cdot 10^{10}[KWh]=2,5\cdot 10^7[MWh]=2,5\cdot 10^4[GWh]=25[TWh]$$

Potremmo fare questo, ma solo se abbiamo potuto estraiamo tutta l'energia da dentro l'argomento.

Attraverso fusione nucleare la reazione può essere estratto solo una parte dell'energia di resto delle particelle utilizzate. Questa goccia di energia (1/ 1000 dell'energia di massa di un neutrone di protone coppie) sono chiamate, discrepanza.

Per un kg di coppie di neutrone di protone di particelle, l'energia di fusione è circa mille volte più piccolo dell'energia totale di un chilogrammo di argomento (solo 29 [GWh] dall'energia interna totale [,] 25

[TWh]) e visto che una restituzione del 100% reazione di fusione quale non può essere fatto comunque.

In linea teorica parlanti, non possiamo avanzare dall'interno dell'argomento (attraverso reazione di fusione nucleare) di al massimo la millesima parte della sua energia. Avendo vista il prodotto della reazione di fusione nucleare, questa energia ottenuta è e di meno.

Attraverso reazione di fissione nucleare, le energie ottenute saranno anche più piccole.

La soluzione proposta in questo lavoro, ottenendo energia dall'annientamento reciproco di due particelle opposte, rende possibile la richiesta di estrarre energia intera contenuta in argomento.

Una coppia formata da una particella e suo antiparticella, sono portati fianco a fianco, a una distanza che permette il processo di annientamento reciproco.

Aumentare il prodotto della reazione di annientamento (il numero di particelle annientate da tutte le particelle che esistono,) noi possiamo accelerare le particelle e l'antiparticles separatamente, e quindi noi possiamo inviarli in una stanza in cui essi incontrano annientamento a velocità e energie in alto, o a velocità e energie molto in alto.

Se utilizziamo elettroni e positrons per la reazione di annientamento, risulta i photons della gamma immettono.

In questo caso, evitare il possibile decadimento dei photons ottenuti di nuovo in elettroni e positrons (per inizio di questo processo di annientamento con successo), l'antiparticles e le particelle utilizzati nel processo di annientamento, dovrebbe essere cozzato a velocità basse e con energia bassa.

Possiamo provare quindi la particella di energia ottimale che permette la reazione con il prodotto di massima. È necessario che la maggior parte delle particelle e dell'antiparticles si erano soliti, incontrare e annientare l'un l'altro, e dovrebbe essere stabile tanti delle particelle di gamma ottenute.

Conclusioni

L'energia di fissione era un male necessario. In questo modo ha allungato la vita di olio, evitando una crisi di energia. Anche così, l'energia ottenuta da idrocarburi rappresenta oggi circa 66% di tutta l'energia utilizzato. A questo tasso di uso di olio, sarà consumato in circa 40 anni. Oggi, la produzione di energia ottenuta da fusione nucleare non è ancora perfetta preparato. Ma il tempo passa velocemente. Dobbiamo fare precipitosamente a attrezzo delle sorgenti aggiuntive di energia già conosciuta, ma e trovate nuove sorgenti di energia. In queste condizioni il metodo proposto a ottenere energia per annientamento di argomento e antimateria, può essere un'alternativa reale sorgenti di energia rinnovabile.

Riferimenti:

[1] "Analisi" di Sintesi per dirigenti EWEA "di Energia di Vento nell'UE 25 nel" (PDF.) Associazione di Energia di Vento europea. Sintesi per

dirigenti
http://www.ewea.org/fileadmin/ewea
_documents/documents/publications/
WETF/Facts_Summary.pdf EWEA.
Recuperare 03-11-2007.

[2] Istituto Massachusetts di
Tecnologia (2010, 13 settembre.)
Incanalando energia solare:
L'antenna fatta di carbonio
nanotubes potrebbe rendere cellule
photovoltaic più efficienti. *Scienza
Daily*. Recuperato 21 settembre
2010, da
http://www.sciencedaily.com
/releases/2010/09/100912151548.ht
m

[3] "Verso Produzione e Uso
Sostenibili di Risorse: Valutazione di
Biofuels. Programma di Ambiente
Nazioni Unite. 2009-10-16.
http://www.unep.fr/scp/rpanel/pdf/A
ssessing_Biofuels_Full_Report.pdf.
Recuperare 10-24-2009.

[4] Petrescu, Nuovo Aeroplano F..
COMEC 2009; Brasov; ROMANIA;
2009.

CAPITOLO IV - NUOVO AEROPLANO

4.1. THRUSTER di IONE

4.1.1. Sul thruster di ione

Parlando su nuovi mezzi di motore ionic per parlare su un nuovo aeroplano.

Il capitolo presenta fra breve i motori ionic effettivi i (thrusters di ione chiamati) e i nuovi motori (di polso) ionic proposti dall'autore.

Il motore ionico (il thruster di ione, che accelera gli ioni positivi attraverso una differenza potenziale) è circa 10 volte più efficace di quello che il sistema classico ha basato su combustione.

Possiamo migliorare ancora l'efficienza di 10-50 volte se uno utilizza polsi di ioni positivi accelerati in un ciclotrone montato sulla nave; l'efficienza può crescere facilmente per 1000 volte se gli ioni positivi saranno accelerati in uno alto synchrotron di energia, synchrocyclotron o ciclotrone isocrono (1-100 GeV.) In questo, il grande synchrotron classico è ridotto a una superficie di anello a un (nucleo magnetico.)

Il motore futuro (ionic) avrà obbligatorio un acceleratore di particella circolare un (livello alto o un'energia molto alta.)

Possiamo aumentare così la velocità e l'autonomia della nave utilizzando una meno quantità di combustibile e potenza.

Uno può utilizzare anche radiazione di synchrotron (luce di synchrotron, alti raggi di intensità,) come alto (Raggi X) di intensità (o) radiazione (di raggio di Gamma.) In questo il caso sarà un motore di raggio (non un motore ionic), utilizzerà solo la potenza (l'energia, che possono essere energia solare, energia nucleare, o entrambi) e così w E rimuoverà il combustibile.

Propone di utilizzare un potente LINAC all'uscita di synchrotron (specialmente quando uno accelera elettroni per) non perdere energia per photons emissione prematura .

Con un nuovo motore ionic uno costruisce un nuovo aeroplano, che può viaggiare attraverso acqua e. Questa nuova volontà di aeroplano può accelerare direttamente, senza un motore di combustione aggiuntivo e senza assistenze di gravità da altri pianeti.

Uno Thruster di ione Una forma di propulsione elettrica è utilizzata per propulsione di astronave che crea colpo accelerando ioni. I thrusters di ione sono caratterizzati da come essi accelerano gli ioni, utilizzando forza o elettrostatica o elettromagnetica.

I thrusters di ione elettrostatici utilizzano la Forza di Coulomb e accelerano gli ioni nella direzione del campo elettrico. I thrusters di ione elettromagnetici utilizzano il Lorentz Force per accelerare gli ioni. Nota che il termine "thruster di ione" indica frequentemente lo elettrostatico o thrusters di ione gridded, solo.

Il colpo creato in thrusters di ione è molto piccolo confrontato con razzi chimici convenzionali, ma un impulso specifico, o molto alto efficienza propellente, è ottenuto.

A causa delle loro relativamente alta potenza necessità, dato la potenza specifica di alimentazioni elettriche, e la richiesta di un vuoto di ambiente di altre particelle ionizzate, la propulsione di colpo di ione attualmente è solo realizzabile in spazio cosmico.

I primo esperimenti con thrusters di ione sono stati eseguiti da Robert Goddard a Istituto superiore Clark da 1916-1917. La tecnica è stata raccomandata per vuoto vicino condizioni a alta altitudine, ma il colpo è stato dimostrato con correnti di aria ionizzate a pressione atmosferica. L'idea è apparsa di nuovo nel "Wege zur Raumschiffahrt di" Hermann Oberth (Strade a Spaceflight,) pubblicato nel 1923.

Un thruster di ione di lavoro è stato costruito da Harold R. Kaufman nel 1959 alle strutture NASA Glenn. Era simile alla progettazione generale di un thruster di ione elettrostatico gridded con mercurio come il suo combustibile. Le prove Suborbital del motore hanno seguito durante il 1960s e nel 1964 a bordo di cui il motore è stato inviato in un volo suborbital lo Spazio Prova di Razzo Elettrico 1 (SERT 1.) Ha operato con successo per i 31 minuti programmati prima di cadere indietro a Terra.

4.1.2. Thruster di effetto di sala

Il thruster di effetto di Sala era studiato indipendentemente negli Stati Uniti e nell'USSR nel 1950s e nel 60s. Tuttavia, il concetto di un thruster di Sala è stato sviluppato solo in un dispositivo di propulsione efficiente nell'la precedente Unione Sovietica, mentre negli Stati Uniti, scienziati concentrati invece su sviluppare thrusters di ione gridded.

I thrusters di effetto di sala sono stati fatti funzionare su satelliti sovietico dal 1972. Fino al 1990s essi sono stati utilizzati principalmente per stabilizzazione satellite in Sud Nord e in Ovest Orientale direzioni. Alcuni motori 100-200 hanno completato la loro missione su satelliti sovietici e russi fino all'in ritardo 1990s. La progettazione di thruster sovietica è stata introdotta Nell'ovest nel 1992 dopo che un gruppo di specialisti di propulsioni elettriche, sotto il sostegno Dell'organizzazione di Difesa di missile balistico, ha visitato laboratori sovietico.

I thrusters di ione utilizzano raggi di ioni (atomi o molecole elettricamente carichi) per creare colpo in conformità con la terza legge di Newton. Il metodo di accelerare gli ioni varia, ma tutti i progetti sfruttano il rapporto di addebito/ massa degli ioni. Questo rapporto significa che le relativamente piccole differenze potenziali possono creare velocità di scarico molto alte. Questo riduce la quantità di massa di reazione o combustibile richiesta, ma gli aumenti che la quantità di potenza specifica ha richiesto hanno retto il confronto a razzi chimici. I thrusters di ione sono in grado quindi di ottenere estremamente alti impulsi specifici. Lo svantaggio del colpo basso è accelerazione di astronave bassa perché la massa delle unità di potenza elettriche correnti è correlata direttamente con la quantità di potenza data. Questo colpo basso rende thrusters di ione inadatti per lanciare astronave in orbita, ma essi sono ideali per in applicazioni di propulsione spaziali.

Thrusters di effetto di sala Accelerate ioni con l'uso di un potenziale elettrico mantenuto tra un anodo cilindrico e un plasma negativamente carico che forma il catodo. La grande quantità del propellente (di solito gas di xeno o bismuto) è introdotta vicino all'anodo, dove diventa ionizzato, e gli ioni sono attratti verso il catodo, essi accelerano verso e attraverso gli, raccogliendo elettroni poiché essi lasciano neutralizzare il raggio e lasciate il thruster a alta velocità.

L'anodo è a una fine di un tubo cilindrico, e nel centro è un arpione che è terminato per produrre un campo magnetico radiale tra esso e il tubo circostante. Gli ioni non sono in gran parte interessati per il campo magnetico, poiché essi sono troppo massicci. Tuttavia, gli elettroni prodotti vicino alla fine dell'arpione per creare il catodo sono di gran lunga più interessati e sono intrappolati dal campo magnetico, e tenuti sul posto dalla loro attrazione verso l'anodo. Alcuni degli elettroni scendono a spirale verso l'anodo, circolando intorno all'arpione in una corrente di Sala. Quando essi raggiungono l'anodo essi incidono sul propellente scarico e fanno in modo che essere ionizzato, prima di infine raggiungere l'anodo e chiudere il circuito.

4.1.3. Thrusters di ione elettrostatici Gridded

I thrusters di ione elettrostatici Gridded utilizzano comunemente gas di xeno. Questo gas non ha nessun addebito e è ionizzato bombardandolo con elettroni energici. Questi elettroni possono essere forniti da un filamento di catodo caldo e accelerati nel campo elettrico dell'autunno di catodo all'anodo (thruster di ione di tipo Kaufman.) Alternativamente, gli elettroni possono essere accelerati dall'oscillare campo elettrico prodotto da un alternarsi campo magnetico di un rotolo, che porta a uno scarico self-sustaining e omette qualsiasi catodo (thruster di ione di radiofrequenza.)

Gli ioni positivamente carichi sono estratti da un sistema di estrazione consistendo in 2 o 3 griglie di multiapertura. Dopo avere immesso il sistema di griglia per mezzo della guaina di plasma gli ioni sono accelerati a causa della differenza potenziale tra il primo e la seconda griglia la (griglia di schermo e acceleratore chiamata) all'energia di ione finale di di solito 1-2 keV, generando perciò il colpo.

I thrusters di ione emettono un raggio di ioni di xeno carichi positivi solo. Allo scopo di evitare del caricare su dell'astronave un altro catodo, messo vicino al motore, emette elettroni aggiuntivi (fondamentalmente la corrente di elettrone è la stessa come la corrente di ione) nel raggio di ione. This also prevents the beam of ions from returning to the spacecraft and thereby cancelling the thrust. Questo impedisce anche al raggio di ioni di ritornare all'astronave e cancellare perciò il colpo.

Ricerca di ione di thruster elettrostatica Gridded (passato/ presente:)

Disponibilità di propulsione di Tecnologia di Applicazione (NSTAR) elettrico Solare NASA

Il Thruster di Xeno (NEXT) Evolutivo di NASA

Sistema di Xeno di Ione (NEXIS) Elettrico nucleare

Azionate in alto Propulsione (HiPEP) Elettrico

Thruster di radiofrequenza di Ione (RIT) EADS

Stadio doppio 4 Griglia (DS4G)

4.1.4. Emissione Propulsione Elettrica Field

Emissione Propulsione Elettrica Field I thrusters (FEEP) utilizzano un sistema molto semplice di accelerare ioni di metallo liquidi per creare colpo. La maggior parte dei progetti impiegano o cesium o indio come il propellente. La progettazione consiste in un piccolo serbatoio propellente che conserva il metallo liquido, una fessura molto piccola attraverso cui il liquido fluisce, e quindi l'anello di acceleratore.

Il Cesium e l'indio sono utilizzati a causa dei loro alti pesi atomici, potenziali di ionizzazione bassi, e punti di fusione bassi. Una volta che il metallo liquido si allunga l'interno della fessura nell'emettitore, un campo elettrico applicato tra l'emettitore e l'anello di acceleratore fa in modo che il metallo liquido diventare instabile e ionizzare.

Questo crea un ione positivo, che può quindi essere accelerato nel campo elettrico creato dall'emettitore e dall'anello di acceleratore. Questi ioni positivamente carichi sono quindi neutralizzati da una sorgente esterna di elettroni allo scopo di evitare di caricare dello scafo di astronave.

4.1.5. Pulsato Thrusters Induttivi

Pulsato i Thrusters (PIT) Induttivi utilizzano polsi di colpo invece di un colpo continuo, e hanno la capacità di trattare di livelli di potenza nell'ordine di Megawatt (MW.)

Le fosse consistono in un grande rotolo che circonda un tubo cono shaped che emette il gas propellente. L'ammoniaca è il gas utilizzato comunemente in motori PIT.

Per ogni polso di colpo che il PIT dà, un grande addebito prima costruisce in un gruppo di condensatori dietro il rotolo e è quindi rilasciato. Questo crea una corrente che si sposta circolaremente. La corrente quindi crea un campo magnetico nella direzione (Br) radiale verso l'esterno che quindi crea una corrente nel gas di ammoniaca che è appena stato rilasciato in direzione di lo contrario della corrente originale.

Questa corrente opposta ionizza l'ammoniaca e questi ioni positivamente carichi sono accelerati via dal motore PIT dovuto all'incrocio di campo elettrico con il campo magnetico Br, che è dovuto al Lorentz Force.

4.1.6.
Magnetoplasmadynamic

I thrusters e Litio Acceleratore thrusters (LiLFA) Lorentz Force Magnetoplasmadynamic (MPD) utilizzano rudemente la stessa idea con l'edificio di thruster LiLFA via da del thruster MPD.

Idrogeno; argon; ammoniaca; e il gas di azoto può essere impiegato come propellente. Il gas prima immette la camera principale in cui è ionizzato in plasma dal campo elettrico tra l'anodo e il catodo. Questo plasma quindi conduce elettricità tra l'anodo e il catodo.

Questa nuova corrente crea un campo magnetico intorno al catodo che le mazze con l'elettrotreno schierano, accelerando perciò il plasma dovuto al Lorentz Force. Il thruster LiLFA impiega la stessa idea generale come il thruster MPD, salvo due differenze principali.

La prima differenza è che il LiLFA impiega vapore di litio, che ha il vantaggio di essere in grado di essere conservato come un solido.

L'altra differenza è che il catodo è sostituito con più aste del catodo più piccole imballate in un tubo di catodo incavato.

Il catodo nel thruster MPD è corroso facilmente a causa di contatto costante con il plasma. Nel thruster LiLFA a cui il vapore di litio è iniettato nel catodo incavato e non è ionizzato il suo plasma forma/ corrode le aste del catodo fino a quando esce il tubo.

Il plasma è quindi accelerato utilizzando lo stesso Lorentz Force.

4.1.7. Thrusters di Plasma senza elettrodo

I Thrusters di Plasma senza elettrodo hanno due caratteristiche uniche, la rimozione degli elettrodi di anodo e catodo e la capacità di soffocare il motore.

La rimozione degli elettrodi porta via il fattore di erosione che limita durata su altri motori di ione. Il gas neutro è prima ionizzato da onde elettromagnetiche e quindi si è trasferito a un'altra camera in cui è accelerato da un oscillare elettrotreno e campo magnetico, conusciuto anche come la forza ponderomotive.

Questa separazione dell'ionizzazione e lo stadio di accelerazione danno al motore la capacità di soffocare la velocità di flusso propellente, che quindi cambia la grandezza di colpo e valori di impulso [1] specifici.

4.1.8. Thruster plasma Micro

Nell'immagine numero 1 uni presentate "un Plasma Thruster Micro" Schema e Prototipo (vedete Figura 1, e [2]).

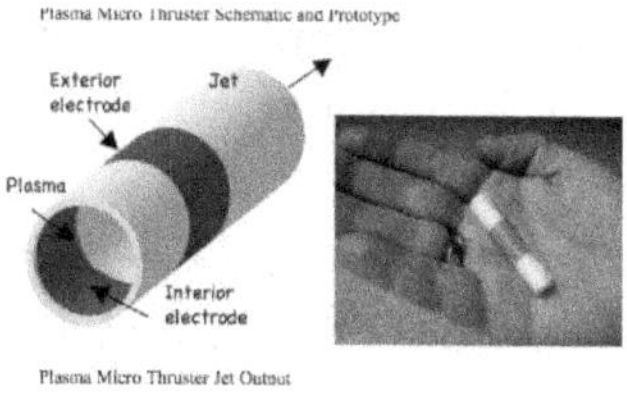

Fig. 1: *Thruster plasma Micro, Schema e Prototipo*

4.2. THE HiPEP ENGINE

4.2.1. Il motore di ione potente conta su microonde

Un nuovo sistema di propulsione di ione potente è stato con successo terra provato da NASA. L'alta Potenza prova di motore di ione di Propulsione Elettrica segna la "pietra miliare prima misurabile" per il $3 un miliardo Progetto ambizioso Prometeo, dice direttore Alan Newhouse.

Il motore HiPEP è la tecnologia di propulsione prima provata con la potenza e longevità potenziali per spingere astronave fino a Giove senza assistenze di gravità da altri pianeti.

Queste assistenze implicano manovre di slingshot intorno ai pianeti e possono aumentare la velocità di arte significativamente. Ma essi richiedono allineamenti planetari specifici, significando che le date di lancio adatte sono rare.

Al contrario, una sonda azionata da un motore HiPEP potrebbe lanciarsi ogni volta che. Un obiettivo di Progetto Prometeo, chiamato precedentemente L'iniziativa di Sistemi Nucleare, è lanciare un'astronave verso Giove per il 2011. Il volo richiederebbe almeno otto anni.

Gli elementi chiave del motore HiPEP sono un'alta velocità di scarico, un metodo basato su microonda per produrre ioni che funziona perché più lungo di tecnologie esistenti e una progettazione rettangolare che possono più facilmente essere aumentate progressivamente di circolari.

L'astronave viene sempre più costruita con motori di ione piuttosto che motori che bruciano combustibile di razzo. Questo è perché i motori di ione producono più potenza per una quantità data di propellente, e forniscono un prodotto liscio invece di scatti intermittenti.

"Giove è un tale obiettivo lontano. Utilizzando un sistema chimico, solo non potreste farlo, "dite John Foster, uno dei creatori principali del motore al Centro Glenn Research di NASA alla Cleveland, Ohio.

Il motore HiPEP è diverso dai motori di ione precedenti, come quello che aziona la Profonda Spazio Una missione di NASA, perché gli ioni di xeno sono prodotti utilizzando una combinazione di microonde e filando magneti. Precedentemente gli elettroni richiesti sono stati forniti da un catodo. Utilizzare microonde significativamente riduce l'uso e la lacrima sul motore evitando qualsiasi contatto tra gli ioni veloci e la sorgente di elettrone.

4.2.2. Fissione nucleare

Una giapponese asteroide rincorrere astronave sta già utilizzando tecnologia basata su microonda per produrre ioni, ma Hayabusa utilizza un piccolo dispositivo che non potrebbe produrre potenza sufficiente per volare a Jupiter. Il motore HiPEP è attualmente capace di 12 chilowatt di potenza ma il suo prodotto sarà aumentato a almeno 50 kW per la missione Jupiter.

La sezione trasversale rettangolare del motore HiPEP renderà questo più facile, poiché può essere esteso lungo uno dei suoi lati. Un motore circolare dovrebbe essere ricostruito, dice NASA.

Nondimeno, altri ricercatori al Laboratorio di Propulsione di Getto di NASA in Pasadena, California, stanno lavorando a un alta potenza motore di ione cilindrico, anche per il progetto Prometeo. Ma Newhouse osserva che costruire un sistema di propulsione durevole potente, lungo è solo "uno dei pezzi di cui abbiamo bisogno di fare giungere a Jupiter." L'elettricità per il motore di ione è fatta con assicelle per venire da a bordo reattore di fissione nucleare. Questa parte del Progetto Prometeo sta solo iniziando, con considerazioni sulla sicurezza, il miniaturization del reattore e l'identità del combustibile tutto avendo bisogno di essere decisa.

4.3. NUOVO IONIC O MOTORI di POLSI di RAGGIO

Per questo capitolo che l'autore propone un nuovo motore di polso che lavora con raggio o ionic un (raggio ionic) pulsa.

Con un nuovo motore ionic uno costruisce un nuovo aeroplano (una nuova nave.) La caratteristica principale di questo genere di motore è l'alto potenza (energia) che accelera il raggio a energia molto alta, in acceleratori circolari, in acceleratori (LINAC) lineari moderni o in entrambi.

Uno può utilizzare acceleratori simile con gli acceleratori di fisica statici (synchrotron synchrocyclotron o ciclotrone isocrono.)

Il motore ionico (il thruster di ione, che accelera gli ioni positivi attraverso una differenza potenziale) è circa 10 volte più efficace di quello che il sistema classico ha basato su combustione.

Possiamo migliorare ancora l'efficienza di 10-50 volte se uno utilizza ioni positivi accelerati in un ciclotrone montato sulla nave; l'efficienza può crescere facilmente per 1000 volte se gli ioni positivi saranno accelerati in uno alto synchrotron di energia, synchrocyclotron o ciclotrone isocrono (1-100 GeV.)

Il motore futuro (ionic) avrà obbligatorio un acceleratore di particella circolare (in alto o molto alta energia; vedete la Figura 3.)

Sicuro che le difficoltà sorgeranno da progettazione, ma essi hanno bisogno di essere risolti passo per passo.

Possiamo aumentare così la velocità e l'autonomia della nave utilizzando una meno quantità di combustibile.

Uno può utilizzare anche radiazione di synchrotron (luce di synchrotron, alti raggi di intensità,) come alto (Raggi X) di intensità (o) radiazione (di raggio di Gamma.) In questo il caso sarà un motore di raggio (non un motore ionic.)

Un acceleratore di particella lineare (chiamato anche un LINAC) è un dispositivo elettrico per l'accelerazione di particelle subatomiche. Questo tipo di acceleratore di particella ha molte applicazioni. Ha utilizzato recentemente con riferimento a un dispositivo a iniezione in uno synchrotron di energia più alto a un laboratorio di fisica di particella sperimentale dedicato. In questo, il grande synchrotron classico è ridotto a una superficie di anello a un (nucleo magnetico.)

La progettazione di un LINAC dipende dal tipo di particella che viene accelerata: Elettrone, protone o ione.

Propone di utilizzare un potente LINAC all'uscita di synchrotron (specialmente quando uno accelera elettroni per) non perdere energia per photons emissione (figura 3) prematura.

Uno può utilizzare un LINAC nell'entrata nello Synchrotron e uno a fuori da (Figura 2.) Per utilizzare una piccola entrata LINAC, tra lui e synchrotron, uno ha messo un circuito di velocità aggiuntivo in una forma di stadio (Fig. 2.)

La fine LINAC può essere ridotta se uno ha messo più fine LINACs. Vedete diagramma sotto (Fig. 2.).

Fig. 2: *Un alto schema di synchrotron di energia*

Questa nave ha due acceleratori di particella circolari
(due synchrotrons)

**Questa nave ha prima un acceleratore di particella
circolare (uno synchrotron,) e a lo finite due grandi
acceleratori di particella lineari (due grande
LINAC)**

Fig. 3: *Un po' di synchrotron volante fa il prototipo*

CONCLUSIONI

Parlando su nuovi mezzi di motore ionic per parlare su un nuovo aeroplano.

Il capitolo presenta fra breve i motori ionic effettivi i (thrusters di ione chiamati) e i nuovi motori (di polso) ionic proposti dall'autore. Il motore ionico (il thruster di ione, che accelera gli ioni positivi attraverso una differenza potenziale) è circa 10 volte più efficace di quello che il sistema classico ha basato su combustione.

Possiamo migliorare ancora l'efficienza di 10-50 volte se uno utilizza polsi di ioni positivi accelerati in un ciclotrone montato sulla nave; l'efficienza può crescere facilmente per 1000 volte se gli ioni positivi saranno accelerati in uno alto synchrotron di energia, synchrocyclotron o ciclotrone isocrono (1-100 GeV.)

Il motore futuro (ionic) avrà obbligatorio un acceleratore di particella circolare un (livello alto o un'energia molto alta.) Possiamo aumentare così la velocità e l'autonomia della nave utilizzando una meno quantità di combustibile e potenza. Uno può utilizzare anche radiazione di synchrotron (luce di synchrotron, alti raggi di intensità,) come alto (Raggi X) di intensità (o) radiazione (di raggio di Gamma.) In questo il caso sarà un motore di raggio (non un motore ionico), utilizzerà solo la potenza (l'energia, che possono essere energia solare, energia nucleare, o entrambi) e così w E rimuoverà il combustibile.

Un acceleratore di particella lineare (chiamato anche un LINAC) è un dispositivo elettrico per l'accelerazione di particelle subatomiche. Questo tipo di acceleratore di particella ha molte applicazioni. Ha utilizzato recentemente con riferimento a un dispositivo a iniezione in uno synchrotron di energia più alto a un laboratorio di fisica di particella sperimentale dedicato. In questo, il grande synchrotron classico è ridotto a una superficie di anello a un (nucleo magnetico.)

La progettazione di un LINAC dipende dal tipo di particella che viene accelerata: Elettrone, protone o ione.

Propone di utilizzare un potente LINAC all'uscita di synchrotron (specialmente quando uno accelera elettroni per) non perdere energia per photons emissione (figura 3) prematura.

Uno può utilizzare un LINAC *nell'entrata nello* Synchrotron *e uno a fuori da (figura 2.) Per utilizzare una piccola entrata* LINAC, *tra lui e synchrotron, uno ha messo un circuito di velocità aggiuntivo in una forma di stadio (fig. 2.)*

Con un nuovo motore ionic uno costruisce un nuovo aeroplano, che può viaggiare attraverso acqua e. Questa nuova volontà di aeroplano può accelerare direttamente, senza un motore di combustione aggiuntivo e senza assistenze di gravità da altri pianeti

Il motore ionico (il thruster di ione) ha 2 vantaggi principali (a) e 2 svantaggi che (b) ha confrontato con propulsione chimica; (a) l'impulso e l'energia per unità di combustibile utilizzati sono molto più alti; 1 l'impulso potenziato genera una velocità più alta (velocità; cosicché possiamo percorrere distanze in un tempo breve,) 2 più lungo) le alte diminuzioni di energia riforniscono consumo e aumentano l'autonomia della nave; (b) generate forza e l'accelerazione è molto piccola; noi non possiamo sconfiggere nessuna forza di resistenza a alloggiare per atmosfera e noi non abbiamo nessuna possibilità di superare forze gravitazionali - la nave non lascerà un pianeta o (cadrà su di esso) utilizzando il thruster di ione (ha richiesto un motore aggiuntivo.) L'accelerazione di nave di vuoto è possibile ma solo con accelerazione molto piccola.

Crescente di più l'energia (e anche l'impulso) possono raggiungere le forze e accelerazione necessarie (la Crescita avrà bisogno di essere molto in alto, 100 PeV 1000 PeV.) Le particelle energia aumentate possono essere rese con acceleratori circolare e o moderno lineare. L'energia di particelle ha aumentato volontà siate enormi e vogliono inoltre la necessità di crescere e il flusso di particelle accelerate (e il diametro di picco; se uno aumenta abbastanza il flusso, l'energia necessaria sarà 10 GeV 10 TeV.)

La conseguenza immediata di energia di particella crescente sarà lo crescente di velocità e autonomia della nave. Ora possiamo ottenere velocità enormi in un tempo molto breve. La nave attraverserà qualsiasi atmosfera che (include acqua) con grande facilità. La nave può prendere o atterrare direttamente.

Inizialmente uno può essere solito spedire le vecchie forme (la vecchia progettazione) che si adattano e l'acceleratore (s).

RIFERIMENTI

[1] Wikipedia L'enciclopedia libera Rete

[2] Dan Tanna, Tecnologia oggi, editazione su 10-6-2008, un Collegamento netto.

CAPITOLO V-CATTURANDO ENERGIA CONCENTRATA VICINO ALLA SORGENTE E INVIANDO DIRETTAMENTE A TERRA IN FORMA CONCENTRATA

CATTURARE ENERGIA SI È CONCENTRATO VICINO AL SOLE

Dovrebbe avviare alcuni progetti spaziali, per catturare una grande quantità di energia in qualche posto vicino alla *sorgente (vicino al Sun), energia che può essere inviata quindi alla Terra in una forma concentrata (LASER; MASER; IRASER; etc.)*

L'energia enorme emanando dal sole è estendendosi in tutte le direzioni dell'universo, e diluita con la distanza.

Su Terra non allungatevi più di una piccola quantità dall'energia emanata dal sole.

Tentiamo qui (sulla Terra) di catturare una goccia da una quantità molto piccola di energia, che è venuta da Sun. E noi anche ci lamentiamo che il prodotto è basso, e i costi tecnologici sono alti.

Una grande quantità di energia è trasmessa a lunghe distanze con perdite basse, con naturalezza, perché è emesso da un sole da (una stella) in forma concentrata, con radiazioni naturali.

Le Carene di eta sono un sistema stellare nella Carena di costellazione, circa 7,500 a 8,000 anni luce dal Sun. Il sistema contiene almeno due stelle, una delle quali è una Variabile (LBV) Blu Luminoso che durante gli stadi iniziali della sua vita ha avuto una massa di da circa 150 masse solari, di cui ha perso almeno 30. Si pensa che una stella Wolf Rayet di circa 30 masse solari esiste in orbita intorno alla sua stella di compagno più grande, benché una nebulosa rossa spessa enorme circondando Carene di Eta rende impossibile vedere otticamente. La sua luminosità associata è circa quattro milioni volte quello del Sun e ha una massa di sistema stimata in eccesso di 100 masse solari.

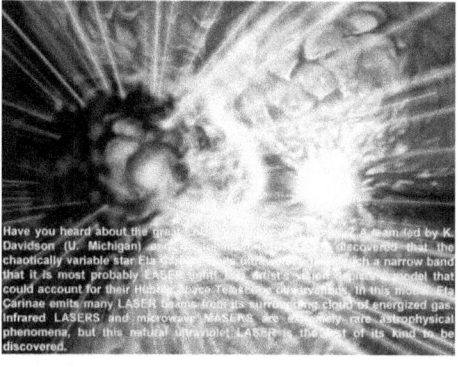

Have you heard about the great stars of ... team led by K. Davidson (U. Michigan) and ... discovered that the chaotically variable star Eta ... with a narrow band that it is most probably LASER light ... artist's ... model that could account for their Hubble Space Telescope observations. In this model, Eta Carinae emits many LASER beams from its surrounding cloud of energized gas. Infrared LASERS and microwave MASERS are extremely rare astrophysical phenomena, but this natural ultraviolet LASER is the first of its kind to be discovered.

Questo è esattamente quello che dovremmo fare. Questo sole strano e estremamente raro in

Universo, ci mostra quello che dobbiamo fare.

La terza aureola del nostro sole circonda i pianeti Mercury e Venere, e correggendo a stento la Terra.

La quarta aureola (la la maggior parte della palizzata da quelli che sono visibili con l'occhio nudo) raggiunge Giove.

Mercury È Caldo, E Saturno È Freddo.

Le installazioni che devono fanno catturando l'energia solare, potrebbero essere installate sopra il Mercury.

Dal Mercury, l'energia concentrata sarà trasmessa concentrato direttamente sul Moon.

Sul Moon, l'energia sarà conservata e ha inviato a Terra in dosi non pericoloso (con concentrazioni più basse), utilizzando multicanali microonde.